科学。奥妙无穷 ▶

"喵星人"
的秘密花园

中国出版集团
现代出版社

目 录

目

录

● 猫科动物

高贵的波斯猫、可爱的折耳猫、懒洋洋的加菲猫、善于攀爬的短腿猫……猫的世界从来不是单调的,猫的生活也充满各种各样的乐趣。猫可以说是跟人类最为亲近的动物之一,在生活中也最为常见,可我们对猫的了解又有多少呢? 今天,我们就一起走入猫的世界,了解那里发生的故事……

猫科是猫形类中分布最广且是惟一现代可见于新大陆的一科,其中包括一些人们最熟悉、最引人注目的动物;是一类几乎专门以肉食为主的哺乳动物,是高超的猎手,其中大型成员往往是各地的顶级食肉动物。

猫科是食肉目中肉食性最强的一科。它们生活在除南极洲和大洋洲以外的各个大陆上。多数猫科动物善于隐蔽,用伏击的方式捕猎,身上常有花斑,可以与环境融为一体。而现在多数猫科动物却因为这些美丽的花斑而被人捕捉用来制作高档时装，加上栖息地破坏等其他原因，使猫科动物受到严重威胁。而猫科动物作为重要的食肉动物特别是顶级食肉动物，其数量的减少给生态环境造成较大的影响。

　　猫科动物，无论是驯养还是野生的，已吸引人类数千年。而在这段时间里人类与这些动物的关系也发生了广泛的变化。人们曾把它们作为猎手一样重视，作为神一样崇拜，作为恶魔一样牺牲，然而不论如何，它们生存了下来，并仍然令人迷恋。它们时常被作为美妙、优雅、神秘和力量的象征，也成为诸多艺术家和作家特别喜爱的主题。

● 猫的起源

已知现今世上有41种猫科动物，它们都源自1800万年前的一个共同的祖先。这些物种源自于亚洲，且经由陆桥散布至各洲去。根据发表在《科学》上，由美国国家癌症研究所的乔生和布莱恩对粒线体基因和细胞核基因所做的研究，确定了猫的祖先在利用白令陆桥和巴拿马地峡做了至少10次洲至洲的迁徙（双向）之间，演化出了8个主要的世系。其中，豹属是最古老的，而猫属则是最年轻

的。它们大约百分之六十的现存物种是在最近的100万年内演化出来的。大多数的猫科动物有18或19个染色体倍性。新世界（中南美）中的猫有18个染色体倍性，这可能是导因于两个较小的染色体结合成了一个较大的染色体之故。

猫科动物最亲近的亲戚被认为是麝猫、鬣狗和獴。所有的猫科动物都有一种基因异常，使得它们尝不到甜味。

已知最古老的真正猫科动物（始猫）生存在渐新世和始新世的时期。在始新世时，它演化出了假猫。假猫被认为是现存的2个亚科和已灭绝的剑齿虎亚科等的最古老共同祖先。较以马刀齿猫为知的这一群动物于更新世后期开始灭绝，其包括了剑齿虎、短剑剑齿虎、恐猫和似剑齿虎。当代猫科动物共有2个亚科，猫亚科、豹亚科，共41种。

家猫的起源实际说来要追溯到4000万年以前地球上出现哺乳动物的时代，那时被称做猫的动物，体型较现在我们所看到的家猫长，腿较短。它们在进化过程中可分为两类：一类是令人望而生畏的剑齿虎，不过它在2万年以前已经灭绝了；另一类又分为3个亚属，其一为现在的家猫的始祖，另外2种就是我们现在见到的豹和猎豹。

9

猫在动物学分类中属于脊椎动物门、脊椎动物亚门、哺乳纲、食肉目、猫科、猫属。现有家猫与野猫之分。与猫同科的还有狮、虎、豹等野生动物。不论哪一品种的家猫都是数千年来人们从野猫逐步驯化而来的。据记载，欧洲家猫的祖先是非洲山猫，亚洲家猫的祖先是印度沙漠猫。一些古生物学家在南欧和北非的古代地层中发现了众多的野猫遗骨，因而可推测猫在上新世冰河期就已经是足迹遍布的野生动物了。

陆地上最凶猛的动物——虎、豹、狮，和我们家里养的猫，原是同族兄弟。在动物学分类中统称为猫科动物，不过猫算是最小的，而狮子要算是最大的。

它们在适应生存方面，则各有特点：老虎会泅水，狮子则不会泅水，豹除了会泅水之外，还会爬树，动作敏捷，不逊猿猴。因而我们碰着老虎和狮子时，可以爬上树躲避袭击，而一旦碰到豹，爬上树就无济于事了。它们都以食肉为主，摄食对象没有大的差别，这和猫喜爱的食品差不多。

猫的远祖是一种很久以前就灭绝了的动物——古猫兽，是一种生活在树上的动物，熊、黄鼠狼、浣熊、狐狸和狼等动物的祖先有可能也是这种动物。这种古猫兽的样子，跟现在的猫与狗有着还算相似的外表，只是身体长得很大，尾巴也较长，腿短，很像现在的家猫，同时具有和猫相似的可以自由伸缩的爪子。

随着时间的推移，从这种古猫兽中演变出与今天的猫更为类似的动物，这种动物以相当机敏的动作生活在树上及地面上。

家猫是随着人类发展的历史而逐渐与人结下紧密关系的。根据世界各地的考古发现和历史记载，最早开始有猫的地区是西亚和北非，而最早开始养猫并奉猫为女神的则是古代埃及；欧洲则是在十字军东征后，才把猫带回欧洲，并逐渐繁殖起来的。我国养猫历史悠久，远在西周诗篇《韩奕》中就出现了"猫"的记载，后来在《诗经》、《礼记》里也有有关"猫"的记述。据史料记载，我国至迟在西汉时期已把野猫驯化为家猫；唐朝的时候，家猫已经遍及寻常百姓家了。

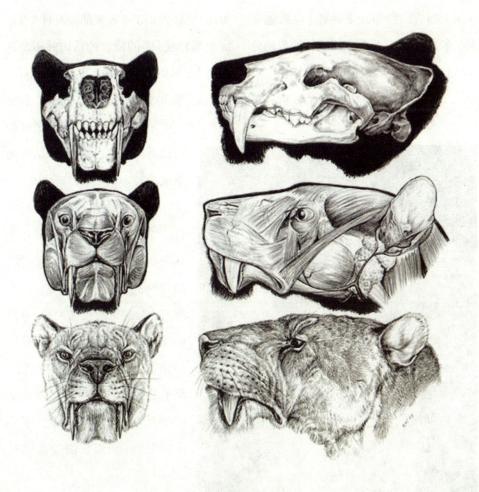

猫的种类

家猫是由野生猫驯化而来的，但由于所处地区不同和生态环境各异，因而产生了品种不同的家猫。据统计世界上现存猫的品种，有100多种，其中常见有30多种。以前比较流行的猫的种类分法有四种：

1.西方品种和外来品种（包括暹罗猫、东方猫等）。西方广泛流行的产地分类法。

2.纯种猫和杂种猫。按品种培育角度分类。

纯种猫：首先，要强调下列所提及的所谓"纯种猫"是指英文的"Pedigree Cat"，而不是单单直指"pure bred"。原因是，虽然世界很多有丰富饲养纯种猫历史的地方的人都认为"pure bred cat"即为纯种猫，但由于本地大部分人对"有系统地繁殖猫只"的概念的认识并不及其他地方，因而造成误解。其实"Pedigree Cat"是"纯种繁殖(pure breeding)"的结果，但"pure breeding"这一个过程可以是自然发生，也可以是人为造成。

最纯种的猫是在动物园的虎。因为它们是野生和以同一地域为居所的，相对地，繁殖时的选择少了，所以下一代很多时候都有十分接近的血缘关系，基因的变异较少，说它们血统很单纯是错不了的，何况近年的野生环境愈趋恶劣，迫使野生动物的基因变数缩窄，即我们常说的gene pool很细。所以它们确是纯种

(pure bred)的猫科动物,只是,它们的选择性繁殖是由环境所迫使而成的,而且历史十分悠久。

家里养的猫和这些野外生活的猫最大分野是野生猫是不可能由人类豢养的,数千年前有人把一些小猫豢养起来,经过拣选再繁殖,便把猫只的下一代真真正正地驯化起来,这个过程是经过杂交和挑选的,所以今日能被人抱在怀里的猫,严格上不是"纯种",而是"杂种"!

但后来渐渐衍生了一些样子近似、性情相近的猫,这些猫慢慢被定型了,再经过小心地选择性繁殖,将外表的遗传特征稳定下来,这些就是今日的纯种猫,但不同的是,它们有的是杂交而来,有的是天然而成的,但最后都会把育种的特征变化收窄,严格控制下而成的一个独特品种,最后也是由同一外形和特性的种猫来繁殖下一代,故这一种经过选择性繁殖而得来的"纯种"猫又是另一回事。

3.家猫和野猫。按生活环境分类,不过,两者之间并无严格的界线。

MIAOXINGREN DEMIMIHUAYUAN

家 猫 〉

从考古学以及文献记载来说家猫的祖先可追溯到公元前2500年左右的古埃及，当时的人们为了控制鼠患，保护谷仓，便驯养野猫作为他们的捕鼠帮手。因为它们的出色表现，从而被当时的人们尊崇如圣兽。在古埃及，公猫曾被当做祭品奉献给拉神，因为人们相信拉神会借助公猫的形体在巡游的时候与邪恶的黑暗之蛇阿匹卜战斗；母猫则象征着长有猫头的巴斯泰托女神。

但是，根据最近的基因研究显示，家猫的真正起源可能是中东地区。

英国牛津大学的动物学家卡洛斯和他的同事对家猫的身世进行了更彻底的调查。他们收集了全世界979只猫——包括野猫和各种家猫——的样本。在比较了这些猫的基因组之后，他们发现这些家猫与来自以色列、阿联酋、巴林和沙特阿拉伯等地的野猫的亲缘关系最接近，而这些家猫的共同祖先可能生活在距今约1.3万年的新月沃地。这组科学家还检查了这些猫的线粒体DNA，结果分析表明今天的家猫存在5个不同的世系。他们认为，家猫的驯化可能在中东地区出现了多次。

家猫起源的这个时间与人类开始在新月沃地定居并发明农业的时间接近。在从狩猎—采集向定居农业转变之后，人类开始贮存谷物。据《科学》杂志网站报道说，美国加州大学洛杉矶分校的遗传学家罗伯特说卡洛斯等人的

数据令人非常信服，而猫在如此小范围的地区被驯化，向我们提示了猫的驯化是为了特定地理环境下的用途，也就是防止贮存的谷物被啮齿类动物破坏。

家猫和它们大部分的野生亲戚一样，非群居动物。

游离于人类家庭之外的家猫尽管会在野外集群，但不会像群居动物那样干出团队合作之类的事儿来，比如围捕猎物等等。 家猫也是食肉动物，以夜行为主。除了人类的喂食，它们的捕猎范围也相当广泛，种类包括各种小型哺乳动物、鱼类、昆虫等等。另外，由于家猫体内很难从植物中合成必要的氨基酸，致使它

们无法适应素食。如果您家里刚好有猫咪陪伴，请记得不要画蛇添足，给它们专门喂食蔬菜类的食物。家猫有时也会啃食某些植物，例如小麦的叶子、狗尾巴草等等，这只是为了协助它们吐出梳理毛发时吞咽进去的毛球。

家猫没有固定的发情期，母猫孕期大约为63—66天，每年大约能生两胎，每胎1—8只，一般是3—5只。小猫仔大约在7—20天内睁眼，9—15天内开始学会走路。它们在4周大的时候就能吃固体食物了，8—10周左右就能断奶。小猫长到6个月大的时候就能独立生活了，大约10—12个月时性征会发育成熟。不过不同品种的家猫，有些性成熟的比较早。

生活在人类家庭中的家猫寿命大约有15—20年，当然也有长达36年的超龄老寿星存在。而在人类城市中生活的野猫则没有这么幸运，寿命可能只有几年而已。

家猫的繁殖能力很强，它们在人类的城市中生活，也没有自然天敌。根据IFAW（国际爱护动物基金）的测算，理论上，2只未做绝育的猫及其子孙在7年内可以产仔42万只。惊人的繁殖能力使得它们在许多国家都变得数量过剩。即便在对动物保护做得比较成熟的美国，每年也会有数百万只健康猫因为无法找到足够的领养家庭而被迫在救助中心被实施安乐死。

野猫 >

野猫,也称斑猫或山猫,是一种小型猫科动物,原生于欧洲、非洲及亚洲西部。

流浪猫,离开驯养状态的家猫,被遗弃的家猫;斑猫,生活于野生环境的家猫近亲,现代家猫源自古代一部分斑猫。会猎捕小型哺乳类、鸟类,或是其他体型相仿的小动物。野猫可分为多个分布于不同地域的亚种,其中包含了家猫,而世界各地又有许多回归野外的家猫。

野猫分不同的亚种。非洲野猫的体色比欧洲野猫淡,主要有灰色形和褐色形,越是靠近森林地区的,体色越是深,身上带有波纹状深色斑纹;欧洲野猫一般具有比较厚的皮毛,与家猫相比,它们的头部比例更大,不同地区的体色也有所不同;亚洲野猫体形较小,体色多为灰色,并带有棕色斑纹。

野猫的中国亚种是草原斑猫,又叫沙漠斑猫、土狸子等,体形比家猫大,体长为50—70厘米,尾长为25—35厘米,几乎正好是体长的一半,体重约为8千克,看上去显得比较粗壮。身体的背部呈淡沙黄色至浅黄灰色,背部和身体侧面的毛色逐渐转为浅淡色,腹面则为淡黄灰色。全身都具有许多形状不规则的棕黑色斑块或横纹,耳尖略有棕黑色簇毛。尾

巴上面有5—6条棕黑色横纹，尾巴的下面为白色。

野猫是独居动物，夜行性。一般在清晨和黄昏时分捕猎。一般吃啮齿动物、昆虫、鸟类和一些小的哺乳动物。苏格兰野猫较多地捕食兔子，亚洲野猫捕捉雉类、沙鸡等。栖息地的损失、对皮毛的需求也使野猫的生存受到威胁。有些地区的野猫捕食家禽，也遭到当地人们的捕杀。

草原斑猫栖息在有由柽柳、拐枣、麻黄、甘草、野麻等组成的灌木和半灌木荒漠，由芦苇和拂子茅等组成的芦苇草甸和林间生长有柽柳灌丛的胡杨林，以及草原、沼泽地和海拔1000米以下的盆地或低地山区森林地带，对环境的适应性较强。一般不进入冬季严寒和积雪覆盖地区，活动偏向于比较干旱地带。单独在夜间或晨昏活动，白天隐匿于树穴或灌木丛中。主要吃小型啮齿动物、鸟类、蜥蜴和蛙等，也食鱼类和昆虫等。行动敏捷，善于攀爬，潜行隐蔽接近猎物，突然捕食。领域性也很明显，通常每个个体大约占据0.5平方公里的领地，但当领地内食物不足或者寻找配偶时，也常到领地以外游荡。

长毛猫和短毛猫。主要根据毛的长短来分类，例如，波斯猫、喜马拉雅猫属长毛猫，泰国猫、俄国蓝猫属短毛猫。

长毛猫 ＞

一种家猫，以毛长、软、平滑著称。后多称为长毛猫，但在美国仍称波斯猫。

长毛猫体大或中型，粗壮、腿短、头大而圆、鼻扁、尾短多毛。眼大而圆，呈蓝、橙、金、绿或铜色，与毛色一致。毛软、纤细。颈部多毛，形如皱领。毛色多样。单色者有白、黑、蓝、红及奶油色。而带花纹者有：银色与黑色间杂(烟色)；银、棕、蓝、红色带深色花纹(虎斑色)；白色而略显发黑(灰鼠皮色)；奶油色、红色及黑色(龟板色)；龟板色而有白色斑点；蓝灰色与奶油色掺杂(蓝奶油色)及双色等。龟板色、蓝奶油色猫及斑点猫几乎全为雌性，若为雄性则多不育。蓝眼白猫可能耳聋。

带暹罗猫斑纹(即体毛色浅，面、耳、腿、尾色深)的长毛猫称为喜马拉雅猫。具上述特征而爪为白色者称为骠蛮猫。长毛狮子猫的面部短、平，似北京狗(狮子狗)。缅因浣熊猫亦称缅因猫，因误以为是浣熊与猫的杂种而得名，是一种长毛

猫，产于美国新英格兰地区。体大而长，活泼，面长，毛较短稀。毛色多样。长毛猫虽然一般认为性沉静少动，但亦好嬉戏，对人亲切，必要时也能自卫。

长毛猫是相对与短毛猫而言的，一般长在10厘米以上的方有此称谓，长毛猫身价不菲。

长毛猫活泼，精力充沛，贪玩，个性强，比东方短毛猫好交际，和其他猫能友好相处，但对陌生人有戒心。感情丰富，对主人依恋，嗓音动听，好说话，不喜欢孤独。容易照料。它们和暹罗猫、东方短毛猫一样活泼，外向，骄傲，令人琢磨不透。好交际，不喜孤独，贪玩，能和孩子友好相处，感情丰富，占有欲强。它不能忍受冷漠态度，好言，嗓门大。天生喜欢捕猎。雌猫性早熟（9个月左右），而且频繁发情，比一般家猫更高产。容易照料，每周一次的毛发梳理即可。

短毛猫 >

短毛猫是家养猫，皮毛不长，很短。短毛猫可能有单层皮毛，也可能是双层皮毛。单层皮毛通常由一层纤细的丝绒般毛发形成，紧贴身体，比如暹罗猫和波曼猫；双层皮毛由外层粗长毛发和浓密柔软的绒毛内层组成，比如马恩岛猫和俄罗斯蓝猫。主要的品种有美国短毛猫、英国短毛猫和东方短毛猫。

东方短毛猫是这一品种中智商很高的一类，19世纪晚期，暹罗猫首次引入西方，引起欧洲养猫爱好者的浓厚兴趣，并开始了杂交培育工作，到20世纪20年代得到了单色后代，到1962年，3位英国遗传学家分别尝试培育蓝眼白色短毛猫品种，后来他们携手合作，得到了白色暹罗猫。

大耳朵的东方短毛猫，它的诞生似乎是个意外。当初为了制造纯白暹罗猫，便以白猫与暹罗猫配种，但后代却显现出各色的遗传基因，诞生了多彩多姿的东方短毛猫。除了纯白色，另有红色、棕色、巧克力色的斑纹或色块组合出现，而纯黑乌亮的黑猫，在东方特别称为"乌木"。东方短毛猫偶尔也会生出暹罗猫来，但在血统证明上则不被承认，不仅修长优雅，而且走起路来的姿态雍容高贵，非常有教养的样子。这种猫继承了暹罗猫的体形和短毛猫的毛色，被称为"外国白"，同时产生的其他颜色，如紫色，就称为"外国紫"。目前，东方短毛猫已在世界奠定了重要地位。

东方短毛猫已有着相当高的智商，是一般纯种猫所无法比拟的。它们天生好动，总有点游戏人生的感觉。之所以喜欢东方短毛猫，是因为它更像埃及神话中的神猫，充满了神秘感。每只东方短毛猫都有不同的喜好，但也有共通的，那就是玩

儿。有人经常戏称自己养了一群"金毛寻回猎猫"，因为有些东方短毛猫有寻回取物的本领。它的游戏时间是由它们自己决定的，并不是你想跟它玩儿，它就爱跟你玩儿的。有时候想在朋友面前显摆显摆，却也经常会让我们处于更加尴尬的境地。像蜡笔小新一样，猫总会在错误的时间出现，做出错误的事，或有错误的想法，继而形成错误的习惯，最终变得不可收拾。

凌晨3点钟的时候，总会有一只小手在拍你的脸，打开灯，就会看见一只毫无困意的猫精神抖擞地坐在那儿，嘴里叼着它心爱的玩具。如果你好心地问一句："是不是想玩儿呀？"它就会更加兴奋地将玩具放在你面前，等待着，像一个做了好事，等着发小花花的小朋友，心还美滋滋的。在你万般无奈地将玩具丢出去之后，它们会以最快的速度跑过去，再把玩

具叼回来，摆在你面前，周而复始。这时候，需要经过耐心教导，将游戏时间改到正常，方可安心入睡。

东方短毛猫的脾气中有点顽固不化的感觉，它们不喜欢或是不愿意做的事，任你费尽唇舌，它们也不会听进去半句的。猫不爱洗澡，据分析，有可能是因为乖乖在洗完澡以后，身上的味道变了。猫对气味很敏感。它们最心爱的玩具，每天它走到哪儿，它就把玩具叼到哪儿，但是如果脏了，主人就给它洗干净，从此，猫就再也不喜欢那个玩具了。

人人都爱加菲猫 >

它是一头爱说风凉话、贪睡午觉、牛饮咖啡、大嚼千层面、见蜘蛛就扁、见邮递员就穷追猛打的大肥猫。它就是加菲猫——全世界最有活力（也最滑稽）的猫科动物！1978年出生在莉欧妮妈妈意大利餐厅的厨房里，就此开始它狼吞虎咽意大利面点的一生。

"仰卧"而不做"起坐"）。如果早晨能晚点开始，它还会更喜欢。还有比这更人性的吗？

加菲猫的生活原型是作者吉姆·戴维斯脾气暴躁、喜欢捉弄孙子的祖父，但这个老祖父的形

这个不讲礼貌的肥猫咪到底哪点吸引人呢？很简单——一般人认同它，因为它就是他们自己。事实上，它根本就是个披着猫皮的人。加菲猫爱看电视，痛恨星期一。它宁可大吃大喝也不要做运动；说真格的，它对睡眠和食物的狂热程度，只有它对运动和节食的厌恶程度堪比拟。（它只做

体部分，则被他会画漫画的孙子，绘成了一只30磅重，具有"爱说风凉话、嗜吃意大利肉酱千层面、贪睡的大胖猫"。

原作者说过，加菲猫的造型是他家养的一只大猫。加菲猫是异国短毛猫中的红虎斑异国短毛猫，是异国短毛猫中的一个颜色组，目前中国正规猫舍专门

繁育异国短毛的没有几家，上海不超过5家，北京多一些，但是好的也不多，一来异国短毛猫本来价值比较高，二来真正完美的异国短毛猫比较少，香港的异国短毛猫很多，那里比较喜欢这个品种，加菲猫的颜色在内地不是很受欢迎，颜色不讨巧。

红虎斑异国短毛猫属于波斯猫的一个分支，是为了那些喜欢波斯猫又懒得打理长毛的人而专门人工培育的。

这种毛茸茸、充满活力的猫起源于美国。1960年左右美国的育种专家将美国短毛猫和波斯猫杂交以期改进美国猫的被毛颜色并增加其体重，就这样诞生了绰号为加菲猫的异国短毛猫，这是一种短毛波斯猫，它在1966年被CFA（世界最大的纯种猫机构）承认为新品种。

在育种期间，它还和俄罗斯蓝猫及缅甸猫杂交，1987年以来，该品种的允

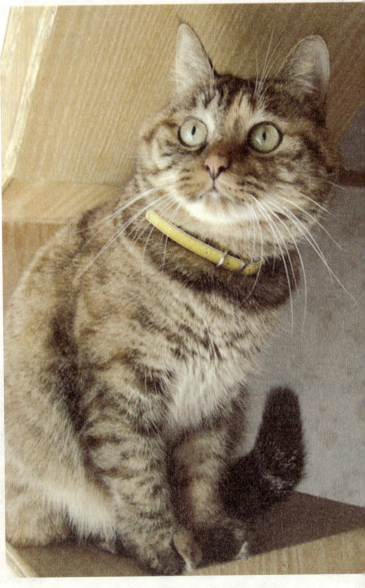

许杂交品种被限定为波斯猫一种。FIFE（英雄最大爱猫协会）在1986年承认了异国短毛猫，这个品种在美国已经非常普遍，现在欧洲也逐渐风行起来。

MIAOXINGREN DEMIMIHUAYUAN

异国短猫毛的特征：短毛波斯猫，体重3—6.5公斤，大小中等，四肢短。性格沉静，但略比波斯猫活泼。好奇，贪玩，性情温顺。能和其他猫及狗友好相处。易于相处，安静，很少发出喵喵的声音，不喜欢孤独。感情丰富，需要主人的关怀。身体结实，成熟期晚，为3岁左右。2只异国短毛猫交配得到的后代可能是CFA所命名的"异国长毛猫"。

异国短毛猫容易照料，一般情况下每周一次的毛发梳理就足够了，但在脱毛期应为它每日梳理。另外，它泪腺发达，眼睛应每日清洁。

这个品种看似憨厚其实非常活泼，比起波斯猫的笨拙，它们有些调皮，和人很亲近。

PS：加菲

猫语录：

□我胖我懒——可是我自豪！

□哦? 吃老鼠? 如果世界上已经有意大利面条，那还吃老鼠干什么?！

□我向星星许了个愿。我并不是真的相信它，但是反正也是免费的，而且也没有证据证明它不灵。

□世界上有三样东西要等好久好久才能来：生日、圣诞节和送比萨的人。

□我不是个大馋鬼，我也不是什么都吃。我只是个行为艺术家(指着面前的食物说)，我在完成我的作品。

老鼠不怕汤姆猫 〉

汤姆，灰色的大猫，眼里总是闪着机会主义的光芒，弓着腰在一旁等待机会出击。汤姆是一只常见的家猫，它有一种强烈的欲望，总想抓住与它同居一室却难以抓住的老鼠杰瑞，它不断地努力驱赶这个讨厌的房客，但总是遭到失败。而实际上它在追逐中得到的乐趣远远超过了捉住老鼠，即使偶尔捉住了杰瑞，结果也不知究竟该怎么处置这只老鼠！

猫咪汤姆在动画《猫和老鼠》中总是被老鼠杰瑞戏弄，逗人发笑。

在短片中，汤姆往往以一只被主人娇惯坏了的灰色家猫形象出现。易怒而敏感，精力过剩而顽固的汤姆通常被拥有聪明大脑的杰瑞算计。在每集动画片的结尾，汤姆是悲壮的失败者。但是，也有可能出现以下结局：在很

少的时候，汤姆会获得胜利。有些时候，颇具讽刺意味的是，它们都失败了。特别是在圣诞节，汤姆往往在事实上救了杰瑞的命，或者与杰瑞分享礼物。在至少一部动画中，它们每日的追逐被描绘为一种互相享受的例行公事：在一个情节中，汤姆被一只母猫吸引，嫉妒的杰瑞不断地破坏它们的浪漫情节，希望汤姆能看清母猫的真面目。汤姆最后感激地与杰瑞握手——然后又开始了他们永无止境的追逐。

汤姆猫的原型最接近于英国短毛猫，这种猫有悠久的历史，但直到20世纪初才受到人们的宠爱。该猫体形圆胖，四肢粗短发达，被毛短而密，头大脸圆，大而圆的眼睛根据被毛不同而呈现各种颜色。该猫温柔平静，对人友善，极易饲养。

英国短毛猫的祖先们可以说是"战功赫赫"，早在2000多

年前的古罗马帝国时期，它们就曾跟随凯撒大帝到处征战。在战争中，它们靠着超强的捕鼠能力，保护罗马大军的粮草不被老鼠偷吃，充分保障了军需后方的稳定。从此，这些猫在人们心中得到了很高的地位。就在那个时候，它们被带到了英国境内，靠着极强的适应能力，逐渐演变成为英国的土著猫。它不仅被公认为捕鼠高手，那英俊的外形也被更多人喜爱。

到了19世纪的末期，英国的育种专家们在这些土著猫中选出最美丽的猫咪，开始了漫长的培育工作，最终这个被称为英国短毛猫的品种诞生了。1871年，英国短毛猫参加了伦敦的水晶宫博览会，此品种也从此开始被命名。

1901年，英国猫俱乐部成立了，那时的英国短毛猫还是体型大而结实的蓝色毛种，很像法国的卡尔特猫，后来由于它们的后代越来越像，甚至不分彼此。所以FIFE决定将这两个品种合二为一。

第二次世界大战之后，更多毛色的英国短毛猫陆续被各国的猫会承认，它们走进了千家万户，成为人们生活中的伴侣。

1970年后，它们的体型越来越小，毛色的种类也越来越丰富，所有的风格都开始朝优雅变化。到了1977年，FIFE又重新更改了规定，将这两个品种分离并且禁止继续将它们杂交。

28

英国短毛猫大胆好奇，但非常温柔，适应能力也很强，不会因为环境的改变而改变，也不会乱发脾气，更不会乱吵乱叫，它只会尽量爬到比较高的地方，低着头瞪着那双圆圆的大眼睛面带微笑地俯视着你，就好像《爱丽丝梦游仙境》中提到的那只叫做"路易斯"的猫一样，不用语言，只用那可爱的面部表情就抓住了你的心，再也无法改变你对它的爱。

一只英国短毛猫的护理会让你觉得简单的惊人，因为这些小家伙天生丽质，短短的被毛从不会打结，你只要每天用梳子给它全身梳理一下就足够了，如果它处在脱毛期，主人可以适量多梳理几次。

对于英国短毛猫，清洗要远远比梳理重要得多，因为它们的被毛密实又柔软，灰尘很容易带在那里。虽然猫咪们会经常用它那带刺的小舌头梳理被毛，但是并不能彻底除去底层的灰尘，所以每个月给它洗澡1—2次，可以帮助它很好地清理污垢，毛毛清洁了，猫咪自然开心。

英国短毛猫的老祖宗们给它们留下了吃苦耐劳的优良传统，这使它们比一般的猫都要强，面对陌生的环境可以泰然处之，没有一丝恐惧。

英国短毛猫喜欢亲近主人，如果你一直以来只喜欢它们乖乖地趴在你的膝盖上睡觉，那就需要注意了，因为猫咪长期不做运动就会发胖，而体型过胖的猫

咪，身体状况也会出现问题。原理很简单，就像我们人一样，平时不运动，发胖了就会有好多病找上门来。所以，要有一只乖巧又健康的猫咪，你每天至少要陪它做游戏半个小时左右，这样，既可以增加你和猫咪的感情，又可以一起保持匀称的身材。

与人友善的英国短毛猫，那胖乎乎的圆脸、充满好奇的眼睛、温柔的性格、与狗可以媲美的忠心组合在一起，简直是你生活中的最佳伴侣了。不过你要记得，它可是"好事"一族，那份好奇心促使它会一直跟在你的脚边，随时观察你的一举一动，每当你有什么新的举动时，记得要向它解释一下原因呀！

来自泰国的王子——暹罗猫 >

　　暹罗猫,英文名称:Siamese。暹罗猫又称西母猫、泰国猫,是世界著名的短毛猫,也是短毛猫的代表品种。暹罗猫原产于泰国(故名暹罗),在200多年前,这种珍贵的猫仅在泰国的王宫和大寺院中饲养,是足不出户的贵族。

　　暹罗猫是最早被承认的东方短毛猫品种之一。这个品种的由来尚未确定,相信是来自东南亚。

　　在泰国,暹罗猫被称Wichien-maat,即"月亮钻石"的意思。在20世纪开始暹罗猫已成为欧美最受欢迎的猫品种之一。"暹罗猫"在西方一般是指在一篇名叫《猫之诗》的手稿里描写的几种来自暹罗的猫品种之一。这篇诗篇估计是在18世纪写成的。

　　关于暹罗猫第一次到达亚洲以外的地方,大多数人认为是1884年英国驻泰国曼谷领事(1847—1916),从曼谷将一对饲养的暹罗猫Pho和Mia带回英国送给他的姊妹Lilian Ja。然而翻阅记录,美

国总统莱斯福·凯斯在1878年就收到从曼谷的美国领事馆送来的一只暹罗猫作为礼物。这是第一次有历史记载暹罗猫离开亚洲，比登陆英国还要早了6年，只不过没有繁殖下去而已。

1885年 Pho和Mia诞下了3只小暹罗猫Duen Ngai, Kalohom 和 Khromata。3只小猫和它们的父母在同年参加于伦敦水晶宫举办的猫展。暹罗猫独特的姿态和举止都带给与会者深刻的印象。不幸的是，3只小猫在参展后不久便死了，死因却没有任何的记录。

据有关资料记载，泰王宫内饲养暹罗猫的历史可以追溯到拉玛国王五世时期，从那时起，暹罗猫就在宫廷内安居下来，宫廷里的人像对待王子和公主一样精心饲养它们。它们被打扮得珠光宝气，连喝水吃饭用的碗都是非金即银。它们住在配备有冷气的豪华房间里，一天三顿饭由一专门的厨娘料理，即使是泰国遭遇金融危机、经济严重下滑之际，宫廷里的暹罗猫依旧过着无忧无虑的快乐日子。

暹罗猫性格刚烈好动，机智灵活，好奇心特强，善解人意。暹罗猫喜欢与人为伴，可用皮带拴着散步。它需要主人的不断爱抚和关心，对主人忠心耿耿、感情深厚，如果强制与主人分开，则可能会抑郁而死。暹罗猫十分聪明，能很快学会翻筋斗、叼回抛物等技巧。暹罗猫的叫声独特，似乎在与人们不停地说话，或像小孩的啼哭声，而且声音很大。

被誉为"猫中王子"的暹罗猫可能是猫中性格最外向的了。它的性情难以预测，个性强而且好奇心强。它并不安静，如果你想要找的是性情直露的猫，暹罗猫是你最佳的选择。它非常敏感而情绪

33

化，喜欢有人陪伴，不喜欢孤独，不能忍受冷漠。如果受到冷遇，它会变得郁郁寡欢。它是个"大嘴巴"，常常沙哑而大声地侵扰主人，四处尾随主人希望以此得到关注。它的感情非常专一，有着极强的占有欲，感情直露，甚至会嫉妒。它喜好交际，喜欢和孩子们一起玩耍，但它不喜欢和其他猫呆在一起。暹罗猫对寒冷敏感，喜欢舒适的公寓生活。南迪薇塔在泰国王宫内照料暹罗猫已有多年，她说："这些猫有高贵的血统，是国王的至爱，我们出于对过往的敬意而善待它们，我

们会一如既往。我相信，将来即使大象从地球上灭绝，暹罗猫也不会消失。"

暹罗猫性格外向，表情丰富，聪明伶俐，活泼好动，好奇心强。喜欢与人做伴，对主人忠心又善解人意，如狗一般地给人感情与信赖，甚至可以像狗一样和主人上街，因而获得了"猫中之狗"的称号。然而凡事有利必有弊，黏人的暹罗猫忌妒心强是出了名的，拥有一副大嗓门的它，发起脾气时非常吵闹，所以若是把这个醋坛子打翻了绝对会让你吃不消的。

世间流传着许多关于暹罗猫的传

说，其中一个是传说有一位暹罗公主在溪水中洗澡的时候很怕把自己的戒指弄丢了，就想找一个稳妥的地方把戒指放好。当她正左顾右盼的时候，发现自己最喜爱的猫把它的尾巴高高翘起，于是公主将戒指套在了它的尾巴之上。从此以后所有的暹罗猫尾巴总是高高的翘着，有人说这是用来套公主的戒指的。当然这只是个传说，没有人会相信。但有一点是被泰国人公认的，那就是暹罗猫是拥有最高贵灵魂的生命，在泰国，它们时常被当做神殿的守护之神。

还有传说认为，在很久以前的泰国，古老神秘的庙宇内珍藏着无数上古的神器。一直有2只暹罗猫昼夜看护着，除了祭司和国王，任何人都不能靠近。只有在母暹罗猫生产的时候，它们才离开神庙一天，以免玷污神庙的圣洁。

直到有一天，怪异的精灵趁公暹罗猫照顾即将生产的母暹罗猫的时候，盗走了一件淡紫色重点色猫和小猫珍贵的神器。精灵宣布这是对王国的一个考验，只有高贵、忠诚且美丽的生命才能重新找回这件神器，否则世界将永远遗失掉

这件上古的神器。于是，国王派遣了很多自以为符合条件的人到丛林中去寻找这件宝贝，结果都失败而归。在整个王国都愁苦万分的时候，祭司推荐神庙守卫者暹罗猫去完成这项艰巨的任务。

两只暹罗猫不负众望，在瞬息万变的精灵森林找到了神器。为了将神器带回庙宇，公猫回到庙宇去通知祭司，而母猫则留在丛林中守护着神器。公猫走后，母猫坐在丛生的枝叶之间，为了保护神器完好无损，它屈起了自己的尾巴把神器绕在它的尾巴中间。

四个夜晚过去了，当公猫回到母猫身边的时候，它发现自己已经是5个可爱小宝宝的父亲了。而生育了宝宝的母猫仍没有忘记它守卫的职责，一直用尾巴环绕着那件神器，以至于从此以后它的尾巴末端一直是弯曲的了。而且有意思的是，它五个宝宝的尾巴也是翘着的，由于这对暹罗猫的伟大功绩，它们被人们严密地保护起来，以保证其血统的纯正。

珍贵的游泳猫——凡湖猫 >

伊朗古称"波斯"，很多人想当然地认为伊朗应该是波斯猫的故乡。实际上，伊朗人很少养猫，而且民间流传着许多关于猫让人倒霉的说法。伊朗人常说，身上沾有猫毛、狗毛是不能向真主做祷告的，所以他们对养宠物没有什么兴趣。被很多人认为是波斯猫故乡的是土耳其东部的一个小城——凡城。

距离土耳其境内最大的湖泊——凡湖5公里的凡城是土耳其凡省的首府，那里有一种被称为"土耳其国宝"的凡湖猫。

因为波斯猫是由阿富汗长毛猫和安哥拉猫杂交，在英国经过100多年的选育繁殖，于1860年诞生的一个品种，而安卡拉猫恰

恰是凡湖猫的一支，因此土耳其人认为，这里才是波斯猫的故乡。当地人认为，因为祖母级凡湖猫血统纯正，所以现在波斯猫的价格才那么昂贵。

不过凡湖猫和波斯猫的长相并不完全一样，波斯猫都是长毛的，但凡省大学的调查显示，凡湖猫有58%长着丝般长毛，42%长着天鹅绒般的短毛。按眼睛的颜色，凡湖猫可分为三种：第一种双眼均为蓝色；第二种双眼均为琥珀色或黄色；第三种一眼为蓝色、一眼为琥珀色或黄色。新出生的小猫崽眼睛为灰色，25天后开始变化，40天后颜色就确定了。猫崽两耳之间有一个或两个黑点，两个黑点的大多为"单眼"，因而这种黑点几乎被视为区分仔猫是否"单眼"的基本识别依据。

凡城最明显的标志是一座几米高的凡湖猫雕像，两只凡湖猫健硕自信，颇有王者之风。据当地人说，这种猫可谓猫中尊者，在野生环境中会捕食老鼠、小鸟、蜥蜴、小虫等，但在家养环境中却能与主人院中的

雏鸡、小鸟、狗等动物和平相处，并且从不偷吃主人家厨房中的肉和奶。凡湖猫的高贵也表现在良好生活习性上。它们不到垃圾中寻食，不吃腐物剩食，进餐后会用爪子把嘴和脸打理得干干净净，对居住环境也很讲究，不会随处方便。

一般来说猫是不喜欢入水的，也不能长时间浮水，因为毛浸湿后猫身变沉会使其溺水而亡。但凡湖猫恰恰相反，不但爱在水边戏耍而且会游泳。这种习性也许是生存环境使然，因为凡湖这个地方河流湖泊众多。含盐分的水汇集湖中，又经长年蒸发增加了浓度，湖水含盐度为22.4‰。颇令一些动物学家惊奇和感兴趣的是，凡湖猫似乎十分喜欢凡湖里富含碳酸钠的苏打水。

据说，过去凡城几乎家家户户都养这种猫。不过，随着城市的变迁，许多猫或被送礼或被出售或被盗捕，如今凡湖猫数量已经大为减少，不但凡城很难见到，即使在土耳其首都安卡拉市中心的大宠物市场，你也未必能找到一只凡湖猫。商家一般会告诉你，买这种猫需要预订，一只猫的价格多在500美元左右，而且按法律规定购买者是不能将其带出土耳其国境的。

为了保护"土耳其国宝"，凡城所在的凡省政府和当地的大学合作开展了多方面工作，为凡省所有的凡湖猫登记注册、建立档案，并在人工授精、配种和防止杂交等许多方面展开研究。

现在有很多游客专门为了寻找凡湖猫的踪迹来到凡城。虽然游客只能在当地大学的研究所外面看到围在铁栅栏里晒太阳的凡湖猫，但会做生意的土耳其老板们往往在自己的店铺前摆放几只凡湖猫的雕像，以吸引和招揽顾客。在这个小城，印着凡湖猫的明信片成了游客必买的纪念品。

为什么大多数的猫都怕水

研究显示，家猫起源于非洲野猫和亚洲沙漠猫，这两种猫性格易于驯服，而不像森林野猫那样凶猛、难以与人相处。非洲野猫和亚洲沙漠猫的生存环境主要是在沙漠或者草原，都是水源不多的地方。所以家猫一般都是"旱鸭子"，生性怕水。

有人认为可以在家猫小的时候通过洗澡来训练它不怕水，但大多数兽医不建议用这种方法。猫本身具备保持它自己清洁的能力，经常洗澡反而会使家猫的皮肤变得干燥，所以不给家猫洗澡对它更有好处。

优雅的象征——波斯猫 〉

波斯猫(Persian)是猫中贵族,性情温文尔雅,聪明敏捷,善解人意,少动好静,叫声尖细柔美,爱撒娇,举止风度翩翩,天生一副娇生惯养之态,给人一种华丽高贵的感觉。历来深受世界各地爱猫人士的宠爱,是长毛猫的代表。波斯猫体格健壮、有力,躯体线条简洁流畅;圆脸、扁鼻、腿粗短、耳小、眼大、尾短圆。波斯猫的背毛长而密,质地如棉,轻如丝;毛色艳丽,光彩华贵,变化多样。

有关波斯猫的起源众说纷纭,现较统一的说法是在阿富汗土著长毛猫的基础上,同土耳其或亚美尼亚地区的安哥拉猫杂交培育而成。波斯猫历史悠久,大约16世纪就经法国传入英国,18世纪被人带到意大利,19世纪由欧洲传到美国。据说维多利亚女王养了两只蓝色波斯猫,威尔士王子(爱德华七世)在猫展上对其大为褒奖,从此波斯猫的名声越来越大,公众也由此而为之倾慕。

波斯猫是最常见的长毛猫。它是以阿富汗的土种长毛猫和土耳其的安哥拉长毛猫为基础,在英国经过100多年的

选种繁殖,于1860年诞生的一个品种。波斯猫有一张讨人喜爱的面庞,长而华丽的被毛,优雅的举止,故有"猫中王子"、"王妃"之称,是世界上爱猫者最喜欢的一种纯种猫,占有极其重要的地位。在世界范围内,波斯猫受到了极大欢迎,养猫者为有一只波斯猫而自豪。实际上,在很多人的意念中波斯猫成了纯种猫的代名词,很多国家波斯猫在所有的品种猫中售价最高,有的可达上千美元。

波斯猫的体形特征主要是脑袋大而圆,面宽,一对圆而小的耳朵微微前倾,鼻子又短又扁。颈部短。躯干不长,却很宽,从肩部至臀部呈方形。尾巴和四肢粗短,爪子大,显得结实强壮,给人以坚实而有力的感觉。一对眼睛溜溜圆,尤其是全白色波斯猫的"鸳鸯眼"更有特色:一只为蓝色,另一

只为黄色。因此常常被认为是自然美的象征。

波斯猫是典型的长毛猫，长得有些像小狮子，脖子和后背上有长长的鬣毛，体毛长而蓬松柔软，有光泽。它的被毛有很多种颜色，其中较原始的毛色是白色、蓝色和黑色，近年来又出现了很多种毛色，大致可分为5个类型：全一色、渐变色、烟色、斑纹和多色。全一色型的波斯猫有白色、黑色、

蓝红色和奶油色等。渐变色型的波斯猫，有灰鼠色、渐变银色、贝雕色等。这个类型的猫毛尖与毛根的颜色不一样：灰鼠色和银色类的猫，其毛尖是黑色的，而毛根是白色的；贝雕色类的猫，白毛上有红色或奶油色的毛尖；烟色型的波斯猫，毛根是白色的，而上层绒毛是浓黑色、蓝色或红色的。当猫呈静止状态时，看上去像是单色的，而一旦猫开始运动，下层的白色便清晰可见了。斑纹型的波斯猫一直最受人欢迎，皮毛的颜色有银色、棕色、红色、奶油色、蓝色和贝雕色等。多色型的波斯猫包括玳瑁猫、三花猫、蓝奶油色猫等，它们均是雌猫。此外还有双色猫，有的是黑色和白色，有的是蓝色和白色，有的则是红色和白色等。

波斯猫每窝产崽2—3只，幼崽刚出生时毛短，6周后长毛才开始长出，经两次换毛后才能长出长毛。由于它

们的毛长而密，所以夏季不喜欢被人抱在怀里，而喜独自躺卧在地板上。

波斯猫常给人一种华丽、高贵的感觉。它天资聪明，反应灵敏，性格温顺，举止文雅，善解人意，少动好静，容易与人相处和适应新的环境，也容易训练技巧。它的叫声小，尖细优美，爱撒娇，深得人们喜爱。

波斯猫，因为一身长而华丽的被毛而成为美丽的代言，拥有了一只波斯猫无疑等于拥有了一件艺术品。它们以优雅的性格和适应环境迅速而著名，这些都为它们成为秀场上的宠儿奠定了基础。在我的印象里，波斯猫总是像贵族般的绅士和友好，它们似乎了解自己的美貌，但又从不张扬。它们安静，但不羞涩，含蓄而内敛。

43

• 历史

波斯猫，是在世界范围内被广泛承认的品种，也是通过认证时间最长的猫种。从它们的名字我们可以看出这些小贵族们来自波斯国，也就是现在的伊朗。专家们认为，现在的波斯猫是在阿富汗土著长毛猫的基础上，同土耳其或亚美尼亚地区的安哥拉猫杂交而成，而这种猫至今仍可以在非洲及亚洲的一些地方找得到。在近代发现的一些中世纪的古油画上可以看到有类似波斯猫的短毛猫，这些叫做 Felis libyca 的猫有着很短的被毛和棕色鲭鱼样的斑纹，它们能适应各种环境的变化，但其中的一支发生了基因突变，出现了长毛品种。最初这些变种的长毛猫和波斯人一起生活在寒冷的高原上，它们和波斯人一起过着游走不定的商旅生活，正是因为这样，更加稳定了它们适应能力强的性格。最终，它们被命名为波斯猫。公元 15 世纪，商埠活动频繁，波斯猫便自然而然地被商人们当做高价商品带入欧洲。当时的欧洲人惊讶于波斯猫那长且如丝绸一样光滑的被毛，更为它友善、沉稳的性格所打动，在整个欧洲的上流社会，波斯猫成为奢华的象征，从而作为一个品种繁衍生息。公元 19 世纪，波斯猫出口到美国，引起了美国宠物界的轰动，也就是从那时起，波斯猫在世界范围内流行起来。

• 性格特点

波斯猫，在现代家庭中流行很广泛。它们大都有着甜美和温文尔雅的性格，而且不会在家庭生活中轻易地大吵大闹，也不会无缘无故地发脾气。它们的叫声优美，一双会说话的眼睛像是能读懂你所有的心事。它们会很习惯你的赞扬跟宠爱，但是一定不要溺爱过头，因为它们的性格中也有像贵族般的独立，它们需要一定的时间来独处。懂得倾听，愿意分担你的一切，这就是一个合格的伴侣了吧。

在没有主人陪伴的情况下，波斯猫会自己找到可以娱乐的东西，而不会到处搞破坏，一些喜欢安静的波斯猫，甚至可以很长时间静静地坐在那儿，一动不动。它们也喜欢玩耍，但动作会很轻。因为它们的毛发很长，腿又短，所以波斯猫不太擅长攀爬、跳跃的运动。高傲的性格使它们很爱干净，高高低低的柜子无疑会弄脏它们的毛发，自然是它们避之不及的了。

● 猫的听力

人可以听到的声音范围,大约在20到20000赫兹,猫则是在60至65000赫兹之间。猫咪所听到的声音,音量是人类听到的4倍,所以声音的各项细节都会更清楚,就连老鼠在地板下走路的声响,猫也能听得一清二楚。它们对高音、高频率的声音特别敏感,因此可以听到很多人类听不到的声音,甚至可以察觉到电器启动前的微弱电流。不过,猫也和人类一样,年纪越大,听力也会逐渐丧失。此外,猫的耳朵比人类多出约20条肌肉,所以它们的听力不但比人类强,还会转动耳朵

来捕捉声音的方位。尽管猫咪拥有过人的听力,但还是有些猫咪一生下来就没有听觉,这是基因缺陷所带来的症状,据说蓝眼睛的白猫特别容易发生这种情况,但是生命力强韧的猫咪即使是耳聋了,还是能够很快地适应环境。

猫对声音的定位功能也比人强,它的两只耳朵像雷达天线一样,可随声音的方向转动,能区别15—29米远处相距1米左右的两种相似的声音。此外,猫内耳的平衡功能远强于人的内耳平衡功能。无论是坐车船,还是乘飞机,极少见到猫有

因晕车、晕船而发生呕吐现象的。

除了充当听觉器官外，猫耳还有许多奇特的功能。猫的耳朵能清晰地辨别从3英寸到3英尺范围内的声音来源，并能从物体的前后移动中定位声音的确切来源，同时引导眼睛的方向。猫之所以能做到在低矮的墙上不慎滑落时，仍能保持平衡感，完全得益于内耳的一个装置。

除此之外，猫还会用耳朵表达情感。当猫感觉放松时，它们的耳朵就会自然地往前和往外伸展，显示出一种懒洋洋的状态。当听到某个方向有声音时，猫的耳朵会立刻挺立起来，这时，猫就进入了警戒状态。当猫生气时，它们的耳朵会抽动起来。猫的耳朵如果伸展平了的话，这说明猫在自卫。当猫决定发起进攻时，它的耳朵也能泄露这一信息：这时猫的耳朵肌肉收紧并开始转动，从后面看，耳朵的这种状态会更加明显。

人耳并不是什么声音都听得到，只有振动频率在20—20000赫兹范围之间的声音才会引起人的听觉。相比之下，猫耳或狗耳对超声波和次生波的听觉能力远远超过人耳。狗的听觉范围介于15至50000赫兹，猫的听觉则在60到65000赫兹之间。即使在噪音中，猫耳亦能区别距离15米至20米的各种不同声音。

在100米远的距离外，猫咪可以辨别10厘米内不同声音的来源。所以它可以很轻易地分辨出来您打开的橱柜门是放有它食物的柜子还是旁边的柜子，就知道您是不是在准备它的食物了。

 猫耳朵

　　"猫耳朵"是杭州的名小吃，它是一种面条，因形似猫的耳朵，故名。

　　据传，清乾隆皇帝下江南，一次微服乘一叶小舟赏玩西湖。游得兴致勃勃时，天忽然下起了小雨，众人连忙避雨于小舟船舱内。大家等啊等，可是雨越下越大，下了许久都不见停。几个时辰过去了，乾隆皇帝又饥又饿，忍不住问老渔翁有否吃食。老渔翁告诉乾隆有面但没有擀面杖，做不成面条。正发愁之际，老渔翁的小孙女抱着一只小花猫走来说："没有擀面杖，我来用手捻。"于是小姑娘动手将面捻成块，状似小花猫的耳朵，小巧可爱。她把这形状怪怪的面条下锅煮熟后再浇上鱼虾卤汁端给乾隆吃。乾隆见面条不同寻常的模样，玲珑别致，吃后更觉得回味无穷，赶忙问小姑娘这叫什么面，小姑娘回答说是猫耳朵。乾隆非常喜欢这道点心，回京后即召小姑娘为其做"猫耳朵"。自此"猫耳朵"成了一道名点。

　　猫耳朵极像意大利的一种做成贝壳形的通心粉。据说意大利的这种出品，就是马可·波罗从中国学会了捏猫耳朵，回去以后仿制的，后来便由机器生产了。

● 猫的视力

猫的眼睛发光是因为它能反射光线。猫的眼睛里有一种像镜子一样的特殊覆盖层，它使得猫在黑暗中能看清东西。这种闪光物质能反射出像手电筒的光或像汽车前灯的光，从而使猫的眼睛闪闪发光。

猫的眼睛就像一架设计精巧的照相机，眼球前方的瞳孔就相当于照相机的光圈快门，可控制进入眼球光线的强弱。在瞳孔的后面有一双面凸的晶状体，相当于照相机镜头里面的凸透镜，可起到聚焦的作用，在眼球的底部有视网膜，相当于感光胶片。视网膜与视神经相连。视物的时候，光线首先通过瞳孔进入晶状体，晶状体凸面的弧度可以调节，从而使光线的焦点正好落在视网膜上。视网膜中有感光细胞，受光线的刺激后产生的兴奋冲动经视神经传入大脑，从而产生视觉。

猫的视力很敏锐，在光线很弱甚至

夜间也能分辨物体，而且猫也特别喜欢比较黑暗的环境。在白天日光很强时，猫的瞳孔几乎完全闭合成一条细线，尽量减少光线的射入，而在黑暗的环境中，它的瞳孔则开得很大，尽可能地增加光线的通透量。猫的瞳孔的阔大和缩小就像调节照相机快门一样迅速，从而保证了猫在快速运动时能够根据光的强弱、被视物体的远近，迅速地调整视力，对好焦距，明视物体。不过，猫是色盲，在它的眼中，整个外部世界都是深浅不同的灰色。

猫的眼睛在黑暗中放光大大坏了它们自己的名声，黑猫多少世纪来一直被视为不祥之兆，不少人至今都还在认为猫的眼睛会自己发光。

其实一个很简单的实验就可以否定这种说法。我们可以把一只猫放进一间没有窗户的黑屋子里，这时猫的眼睛便不再放光了。

猫的眼睛放光道理非常简单：它们是在反射外来光源的光，其奥秘在于那层由透明细胞组成的薄薄的反射层。当光线透过角膜和晶状体落到感光视网膜上，它便被完全吸收，有一部分光能到达内血管膜。有夜光眼的动物是这部分光

被透明细胞向后反射，穿透视网膜，增强了眼睛的感光灵敏度，最后形成一道细小的光束向外发射，结果使动物夜里也能看清东西。

而且，像猫和其他一些夜间出来活动的动物任何一只眼睛都能放光。其实人也如此，只要用强光照在人的眼睛上，也会出现这种现象，在我们使用闪光灯时便会看到类似的效果，这就是为什么彩照上有时人的眼睛呈暗红色的道理。

猫眼在外观的形状上大致可分为三种：圆形、倾斜形和杏仁形。颜色基本上有绿色、金黄色、蓝色和古铜色等。不过，在这几类基本颜色之中还有不同程度的深浅区分。

猫的视力其实是很差的，就好像人类的大近视一样，看不太清楚东西，它们甚至还是大色盲，所看到的东西都是黑白的。但幸好猫的眼睛网膜上有杆状的感光细胞，对光非常敏锐，在光线很暗时，只要有一点点微弱的光就能看到东西，所以它们看到的东西也依光线强弱而有分别，就像是黑白照片一样，也有不同程度的黑白、灰度，而建构出一个立体的世界。长久的时间以来，猫咪一直都被误认为是色盲，猫咪被认为是生活在所

谓的黑白世界里，不像人类的人生是彩色的。但在数十年间，对于相关的研究不断在进行，最有名的是一篇以"色的识别与家猫"为题的论文，就提到用不同颜色的模型鼠教导猫咪辨认颜色，不断地给与反复训练，发现猫咪对于颜色的识别能立刻地记取，而且猫咪有偏爱红色的倾向，但猫咪对颜色的识别程度如何目前还无法得知。不过很多科学家认为，猫咪并不关心颜色，虽然它可以识别颜色，但并不赋予颜色任何意义。

顺带一提，虽然猫的视力不好，但它们的动态视力可是一等一的强，所以有什么蟑螂、老鼠瞬间一闪而过，人们都还没发现，猫咪已经冲出去了！而用线绳状的东西、老鼠棒快速挥来挥去，猫咪会很兴奋地盯着看，因为对它们来说就像出现了猎物一样。

还有，猫咪对人类的脸辨识力很弱，它们常是靠味道和声音来分辨是主人还是陌生人，面貌和衣服只是参考。这就是为什么有些猫咪在陌生地方失踪时，如果主人就在前方叫它，猫也认不出主人或感到迟疑，因为它没靠近闻到人的味道，就不会认人了（但聪明的猫还是会认声音喔）。

猫的眼球比人的短而圆些，视野角度比人眼更宽阔。猫的瞳孔可以随光线强弱而扩大或收闭，在强光下，猫眼的瞳孔可以收缩成一条线，而在黑暗中，猫的瞳孔可以张得又圆又大的。还有猫眼底有反射板，可将进入眼中的光线以两倍左右的亮度反射出来，所以，当猫在黑暗中瞳孔张得很开时，光线反射下猫眼好像会发出特有的绿光或金光，给人一种神秘的感觉。

双眼视觉对猫这一类捕猎动物十分

重要。因为它必须能准确地判断里程，以便计算到达捕猎目标的距离。当动物的两眼的视场重叠，即可产生立体视觉效应，重叠范围愈大，立体效应就愈强，愈准确。猫判断距离的能力不完全像人类那般准确，可是比狗强些。人眼的视场重叠范围比猫眼大，而狗眼的则比猫眼小。

猫的视野很宽，两只眼睛既有共同视野，也有单独视野。单独视野没有距离感，共同视野有距离感。猫每只眼睛的单独视野在150度以上，两眼的共同视野在200度以上，而人的视野则仅有100度左右。猫只能看见光线变化的东西，如果光线不变化猫就什么也看不见，所以，猫在看东西时，常常要稍微地左右转动眼睛，使它面前的景物移动起来，才能看清。

猫的瞬膜位于内眼角，就像一层特别的"眼皮"，可以横向来回地闭合，具有保护眼球的重要作用。如果瞬膜受伤或者患病，就会影响猫的视力和美观，需要及时治疗，平时也要注意保护好它的瞬膜，不能随意用手触摸。

如果真的完全黑暗的状况下，猫咪还是看不见的，不过，如果在昏暗的状况下，猫咪的夜视比起我们人类或其他动

物而言还是好很多的,主要的原因在于猫咪的眼睛结构。

如果以猫咪的头径大小比例来看,猫咪眼睛占其头部大小有很大的比例,眼球的结构是由很多层结构所组成的,白色的部分,称之为巩膜,由一层很坚韧的物质所组成,内部含有相当多的血管可以运输氧气及养分以提供眼球所需的养分。

透明的部分,称之为角膜,这个部分是很薄的单层细胞所组成的部分,所以相当的清澈透明,光线也才能够在不受阻碍的状况下进入眼球内部。

猫咪可以将瞳孔上的虹膜打开得非常大,尽可能让微弱的光线进入眼球以达到看见的目的(猫瞳孔的调节度特别大,因为瞳孔是由交错的纤维控制的,可以根据需要扩大或者缩小)。

至于动物的视网膜,是由两层组织所组成的:光感应层的细胞称之为杆细胞及圆锥细胞,光线进入眼部后,会刺激杆细胞,然后杆细胞在将这些光线的刺激反应放大,犹如音响的扩大器般。而因为猫咪有比较多的杆细胞,所以光线放大的效果也比较好,在人类约4/5(80%)的感光细胞为杆细胞,但是在猫咪为25/26(91.1%)为杆细胞。所以,比例上是比较高的。

此外,猫咪眼球底部的绒毡层也比较发达,这一层结构在鹿、浣熊眼睛上都有,这一层也就是在夜晚遇到强光(如车灯)照射眼睛时这些动物眼睛会发光的原因。

● 猫眼的颜色

猫的眼睛和人眼相似，也由角膜、虹膜、晶状体视网膜等等的结构组成。猫眼睛的颜色，正是这些结构之间共同作用的结果。

猫的眼睛有蓝、绿、黄、棕等各种颜色，而且这些颜色之间是过渡关系，没有

明确的分界，这些颜色主要是由虹膜决定的。虹膜就是瞳孔周围那一圈有颜色的部分，这部分主要由括约肌构成，像相机的光圈一样控制光的通过量，人的虹膜随光线的变化不算明显，猫的虹膜则能缩得只留一条细缝。

猫的虹膜分为两层，外层是基质，细胞排列比较松散，而它的下面是细胞排列紧密的上皮组织。这两层都含有能产生色素的细胞，不过数量有所不同。而虹膜的颜色正是由这些细胞决定的，不同的细胞数量和活性决定了猫虹膜的颜色不同。

如果没有色素细胞，猫眼看起来就是蓝色的；色素细胞数量较少，猫眼就呈绿色；色素细胞数量较多，猫眼就呈黄色或棕色。

除了色素之外，折射作用也会影响猫眼睛的颜色。打个比方，一片玻璃从正面看过去，是透明的，而从侧面看过去就会发蓝或者绿，猫眼睛上的透明结构就像玻璃，也会发生这种现象，这也是影响猫眼睛颜色的原因。

猫眼睛的颜色不是一成不变的，绝大多数小猫生下来就是蓝眼，长大之后才会显出本来的颜色。随着年龄的增长，猫眼颜色也会缓慢变化，这是正常现象。

但当猫眼睛的颜色发生剧烈变化时，最好还是带它们去看兽医，这可能是因为眼睛发生了感染或其他病变。

波斯猫的眼睛为什么是两种颜色？两种颜色的眼睛被称为鸳鸯眼，而且不是只有波斯猫有鸳鸯眼，其他猫也有。纯种猫的两只眼睛颜色是一样的，鸳鸯眼一般认为是杂种所致。这种猫（中国临清猫或土耳其安卡拉猫）多数有遗传缺陷，蓝眼睛非常漂亮，耳朵却是聋的。所以人们用黄眼睛白猫跟这种猫杂交，繁育出鸳鸯眼，一只黄、一只蓝眼睛的白色长毛猫，就没有耳聋的缺陷了。

波斯猫眼色因毛色而定，并不是波斯猫的眼睛都是鸳鸯眼，一般认为波斯猫眼睛的颜色有蓝色、绿色、紫铜色、金色、琥珀色、怪色和两只眼睛具有不同颜色(即鸳鸯眼)。鸳鸯眼波斯猫的毛色常为白色。绿色、琥珀色及金色眼睛的猫，一般属于银灰毛色系。各种眼睛的颜色越纯、越深越好，并且以两只眼睛的颜色均匀为佳。

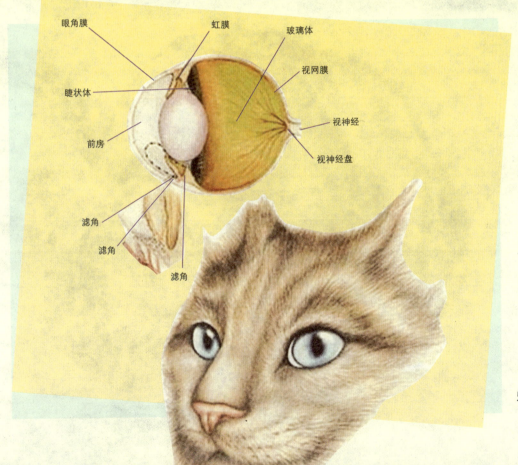

● 猫的嗅觉

　　猫鼻的构造很特别，鼻子内部有很多褶皱，它的嗅觉器官位于鼻腔的深部，叫嗅黏膜，接触空气的面积大，达20—40平方厘米，是人的3倍。这些褶皱上有2亿多个特别灵敏的嗅细胞，这种细胞对气味非常敏感，能嗅出八百万分之一极稀薄的麝香气味。当气味随吸入的空气进入鼻腔后，就能刺激嗅细胞发生兴奋而产生冲动，产生电位，沿嗅神经传入大脑中的嗅中枢，从而引起嗅觉。

　　猫的嗅觉可和狗相媲美，原因就是猫不愿受人的摆布，它的许多功能只是在对自己有利时才使用。猫能靠灵敏的嗅觉寻找到老鼠、鱼等猎物和自己产的幼

崽。俗话说"馋猫鼻子尖",确实如此。猫喜欢吃的东西即使放在很远的地方,它也能闻出来。有人做过试验,把鱼埋在土里,结果猫也能找到。有人把猫的双眼捂起来,运到离家60公里以外的地方,到头来这只猫仍能回到家里。小猫生下来的时候,眼睛是闭着的,完全靠嗅觉找到母猫的乳头。在发情季节,猫身上有一种特殊的气味,公猫和母猫对这种气味均十分敏感,在很远的距离就能嗅到,彼此依靠这种气味互相联络。

猫很喜欢用身体来蹭喂它的人和它喜欢的人,这样自己身体的气味也就留在了对方的身上,以便日后自己分辨。

遇到不认识的猫,首先就是闻一闻它的鼻尖和尾巴的气味,如果"话不投机",就"拳脚相交"而咬打起来,赢者从容自若、竖毛、弓背。看样子要输了的猫,便仰面朝天败下阵来。

猫咪发达的嗅觉对刺激它的食欲起着非常重要的作用。当猫咪生病的时候,嗅觉会受到影响,就很难激起它的食欲。猫咪还会拒绝使用有气味的脏便盆。猫咪吃食前都会先闻,它们可以用嗅觉分辨出变质、不新鲜和有毒的食物。

猫不是通过味道来判断食物的。决定能不能吃的是气味。猫的鼻子要比人类的灵敏5—10倍。不光是吃的东西,自己的地盘,是不是自己熟悉的人,都是通过气味来判断的。说猫是通过嗅觉来"看"周围世界的,一点都不为过。刚生下来的小猫崽能够吮吸到母猫的乳头,靠的也是嗅觉。眼睛还什么都看不到,耳朵也听不到,只能依靠发达的嗅觉来探索乳头。

不过,对于靠嗅觉来判断能不能吃的猫来说,也有一个不便之处。没有气味

的东西就无法做出判断，也就没法吃了。不管是多么"美味"的东西，如果没有气味的话，猫就没法吃了。刚从冰箱里拿出来的东西还处于冷藏状态没有气味，猫就没法吃。如果猫感冒鼻子塞了，就什么都闻不到，什么都吃不了，会衰弱而死。所以说，"猫感冒了是一件很危险的事情"。

不过，通过嗅觉来判断食物也不能算是什么奇怪的事情。人类虽然靠视觉来决定能不能食用，但不是也有很多人会去吃那些"外观"奇怪的东西

么？这是一样的道理。人类是依赖视觉的动物，猫是依赖嗅觉的动物。不过猫是特别忠实于自己的本能而已。那种敢于尝试"外观"奇怪的食物的行为说好听了是人类的一种挑战精神，说不好听了就

是失去了作为动物的本能。

● 猫的味觉

食物的味道是靠舌头以及位于舌头周边叫做味蕾的感受器感觉到的。人类大概拥有9000个味蕾，而猫只有800个左右，所以猫的味觉要比我们人类差。我们能够感觉到复杂的味道，也就是说，对于同样的食物，人与猫感觉到的味道是不一样的。原本，动物就有各自尝得出与尝不出的味道。

先来说一下最基本的东西吧。不同的动物所需要的营养素就不一样，依靠何种营养素获得能量也是不一样的。相同的是会觉得来自能量源的营养素更"甜"一点。动物要想生存，首先必要的就是能量源。所以，当某种营养素变成了能量源，就会以"甜"的感觉输入大脑。"甜"的味觉是与快感联系在一起的。这也是一种迫使你去吃的"奖赏"。

对于我们人类来说，能量源就是糖

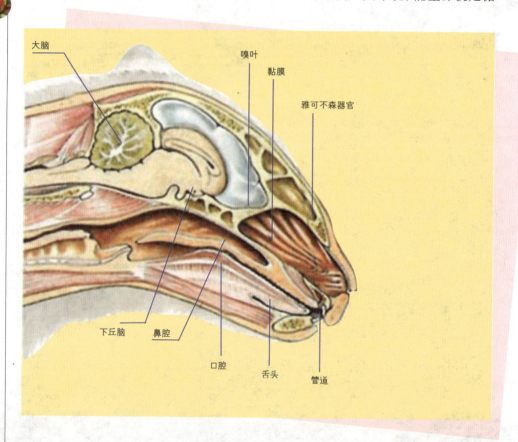

大脑

嗅叶

黏膜

雅可不森器官

下丘脑　鼻腔

口腔

舌头

管道

分。所以我们会觉得糖分是"甜的"。疲劳的时候人想吃甜的东西，是因为身体需要摄取能量。而对于肉食动物的猫来说，它的能量来自于蛋白质。因此，猫对于富含蛋白质的氨基酸的甜味很敏感。蟹肉的甜味也是来自于氨基酸的甜味。因为感觉不到糖分的甜味，也就无法很好地消化。猫虽然喜欢吃生奶油，但不是对糖分做出了反应，而是喜欢其中的脂肪。

不管怎样，人类感觉到好吃的东西跟猫感觉到好吃的东西是不一样的。猫有猫的营养学，人类有人类的营养学。并且，只会感觉到自己需要的营养素的"美味"。

可以说，猫咪的味觉并没有我们想象的那样发达，对它们而言，味觉是对其灵敏嗅觉的一种很好的补充。猫咪的味觉感知大概有四种，即酸、甜、苦、咸，对其中酸和咸的味觉感知最为敏锐，甚至超过了狗狗。

正是由于猫咪味觉对酸的敏感，才使得它们能对腐败、变质食物所产生的毒素具有高度的警惕性，从而拒绝食用这些不新鲜或变质的食物。

猫咪是通过舌头表面的黏膜来感觉

咸味的，对咸的敏感程度从刚刚出生的小猫身上都能看出来，它们能很容易的分辨出哪个是盐水、哪个是淡水，但是这种敏感性会随着年龄的增长而逐渐减退。

猫的味觉器官是位于舌根部的味蕾

和软腭、口腔壁上的味觉小体。猫不光能感知酸、苦、咸味，选择适合自己口味的食物，还能品尝出水的味道，这一点是其他动物所不及的。不过，猫对甜味并不敏感。总的来说猫的味觉还不是十分完善的。

肉食动物一般都是不加咀嚼，将食物直接吞咽下去的。所以，我们看不到它们嚼东西的样子。用臼齿将食物嚼碎了再吞下去是以我们人类为首的杂食动物的食用方法。而食草动物则是左右移动下巴将食物"磨碎"了再咽下去。

可以趁猫咪打呵欠的时候，观察下臼齿的形状。我们人类的臼齿之所以被叫做是"臼齿"，是因为牙齿呈现出"臼"的形状，而猫的臼齿前端却是尖的。这样的形状决定

了其无法咀嚼。接下来，等到猫合上嘴时掀开它的嘴唇，再观察下此时的臼齿。可以发现，上面的臼齿与下面的臼齿是"错开"的，不像我们的臼齿那样可以"咬合"在一起。果然是要嚼都没法嚼。

猫是利用臼齿将肉"撕扯成"适合吞咽的大小，然后再将其吞下去，这才是正统的吃法。因为臼齿是用来"撕扯"食物的，所以必须是尖尖的，且是错开的。我们不过是用门牙将食物撕咬成了适当的大小。人类的门牙前端都是尖尖的，而且也是前后错开的。这跟用剪刀剪东西的原理是一样的。猫的臼齿被称做是"断

肉齿"。

切一片生鱼片，扔给猫试试。它肯定是横过脑袋，用臼齿嚼上两三口就吞下去了。这两三口不过是将鱼片撕扯成了适合吞咽的大小。不是咀嚼，只是撕咬了几下。因为只是撕咬了几下后就吞咽下去了，所以猫吃东西的速度很快。

猫粮的话，连撕咬的必要都没有了，

用门牙磨一下就可以了。这种"正统"的吃法最近越来越少见了。原本，猫细小的门牙是派不上用场的。门牙主要是在猫舔舐、清理体毛的时候发挥下作用，还有就是挠挠痒的作用。

● 猫咪舌头的秘密

狗喝水时会卷曲它们的舌头，把水一下一下"舀"进它们的嘴里，这是一个很令人感到崩溃的时候，它会把它的脸和周围都弄得湿湿的。而猫咪却不同：它们也会卷曲舌头，但不是用它来舀水。"猫喝水是一个很精密的过程。"美国麻省理工学院的（MIT）物理学家裴卓·瑞斯告诉《科学新闻》杂志。

另外一个MIT科学家罗曼·斯托克在观察他的猫咪库塔舔水时发现了一个奇特现象，使他产生了一个想法：猫咪到底是怎么喝水的。因此他召集了包括瑞斯在内的3个同事一起研究。他们一起对库塔喝牛奶的动作进行录像，并做了慢镜头处理，最后将他们的研究结果发表在《科学》杂志上。库塔喝奶时，向后卷曲它的舌尖，使舌头弯曲成一个字母J的形状，这说明猫舔奶时，它的舌头上部仅仅是与牛奶表面接触（你能自己试一下看：伸出你的舌头试着舔你的下巴，观察你的舌头上部的表面是朝外的）。尽管字母J看起来就像一个完美的瓢或勺子，但这不是库塔喝奶的方式，相反，它的舌尖仅仅接触牛奶就缩回了它的嘴里，而速度却达到了78厘米每秒钟，或者说是2.8千米每小时，这就是物理学所要研究的地方了。

物理学所研究的科学原理包括力、能量和动量，物理

学家瑞斯就尤其对流体力学感兴趣。他们研究发现猫咪的舌尖非常光滑，这使得一些流体容易依附在其表面。"就像水一样，"瑞斯说道，当然也有他们研究中所用到的牛奶。当猫的舌头缩回嘴里，牛奶也会随着一起进入嘴里，而且还会被带起来更多，这时一个小的牛奶液体柱就形成了，无视重力而随着舌头一起向上。牛奶液柱不能无视重力很长时间，仅仅不到一秒钟它又会被重力控制并拉回到碗中，但是在这发生之前猫咪就已经把它截断并吞入嘴里了，然后一饮而尽。库塔伸缩舌头的频率能够达到每秒钟3.5次。猫的这种饮奶方法这样的巧妙以至于它的胡须不会被打湿。

猫喝奶的这个过程发生的如此之快，以至于几乎不能被看到，这就是为什么瑞斯和他的同事要用慢速摄影的原因。自己试着做一下这个过程：把食指尖浸入液体如水中，然后快速把手指从中抽出，你会发现一部分水会随着指头而抬升最后又会跌入水面。类似的，就像猫舔牛奶，它的舌头迅速抬升牵引着牛奶也

上升。瑞斯和他的团队用其他猫咪饮水时的录像来验证他们的观点，他们总共找到了8个不同种类的猫咪，发现它们的舌头饮水的过程都是相同的。这就是好奇心如何激发科学家研究猫咪舌头欲望的。

"很令人意外：当你看到一些东西，并且想'别人以前一定把它研究过了'，可是其实呢，就像每天都在发生的许多事一样，并不是这样。"瑞斯在《科学新闻》上说道，"这在科学上是多么令人激动的事啊。"

68

❯ 什么是"猫舌头"

　　吃不了烫的东西的人被称做是"猫舌头"。好像是说只有猫吃不了热食似的，其实不是这样的。动物都是"猫舌头"，都吃不了热食。只有成年人吃得了烫的东西。有一种饮食文化，就是挑战吃烫的东西的。

　　在最原始的自然界里，是不存在热食的。温度最高的也就是刚杀完的猎物，跟体温一样。也就是说，动物原本没有食用比自己体温高的食物的习惯。所以不具备吃烫的食物的能力。即便是人类的话，小时候也吃不了热的东西。在不断的"训练"之下，才从"猫舌头"毕业。人类的"猫舌头"既可以说成是野生的，也可以理解为训练不足。

69

● 猫的爪子

猫前脚有脚趾五个，后脚有脚趾四个。每只脚掌下生有很厚的肉垫，每个脚趾下又生有小的趾垫。每个脚趾上长有锋利的三角形尖爪。尖爪平时蜷缩隐藏在趾球套及趾毛中，只有在摄取食物、捕捉猎物、搏斗、刨土、攀登时才伸出来。

猫足趾下厚厚的肉垫起着极好的缓冲作用，它能使猫行走时悄然无声，便于袭击和捕捉猎物，这也是猫成为捕鼠能手不可缺少的条件之一。厚厚的肉垫还能使猫从高空中跌落下来时免受振动和冲击造成的损伤。这也是猫无论从高处跳下还是从高空中跌落均不会受伤的原因之一。

猫和某些凭借脚掌着地行走的食肉动物不同，它是用脚趾着地行走。趾型动物的猫是用趾端行走。猫的这种身体构造特别适合奔跑，足以与用足趾进行短距离赛跑的运动员相媲美。

猫脚可以均匀地承受高速飞跑和从高处落地时所产生的震动。为了使猫脚能承受这样的震动，其脚骨由韧带组织牢牢束在一起，腕骨和踝骨成几乎不可能做侧向运动的排列。

70

家猫脚底趾垫是由进化表皮组成，表面有一层密集柔软的结缔组织，因此，比一般表皮硬一些，这种硬趾有三种作用，即可减震，约束趾骨，以及利于制动。

所有的猫科动物都可以在全速奔跑时急转弯。这项运动最杰出的代表无疑是猎豹，它的优点是脚趾的趾垫上有独特的纵向突起条纹，很像汽车轮胎上的花纹。其他猫科动物，包括家猫在内，都没有这种特殊的突起条纹，因此，就像轮胎磨光的汽车在奔驰。

猫有着刀片般锋利的爪子，其末端有如钩子一般，因此它们捕猎时都能紧紧抓住猎物。它们的爪子通常都是往里缩着的，这样不怕被磨损，可以保持锋利；而当它们要用脚掌捕猎时，爪子则会从那层覆盖着它们下垂的皮肤中伸出来。猫爪是在不断地生长着的，并且外层的老皮会周期性地褪掉从而露出下面的新皮层。这可以通过顺着某种合适的表面往下磨这些爪子而达到目的，此外，在某些战略要地磨爪子还可以留下些猫的气味信息。

猫的前爪长得十分锋利，具有捕捉猎物，配合利齿撕碎食物，与敌人搏斗和攀登树木、墙壁和其他物体的功能。尤其在捕获猎物和搏斗时张牙舞爪，锋芒锐利。锋利的爪子借助于强健的四肢，使猫有极强的攀登能力。

小猫出生时，它们的爪子是外伸的，肌肉渐渐地生长发达，从而使爪子缩进了一个具有保护作用的皮鞘之中。

猫的脚底肉趾很敏感,它们包含许多触觉受体。一些猫在即将发生地震前会行为异常,或许它们能通过这些敏感的肉趾探测到大地的震动。

此外,猫的足爪尚具有试探温度、拍打玩耍等作用。

在近10年,美国和加拿大的材料显示,很多猫的主人让专业的兽医把他们的猫的趾甲去除了。在去趾术流行的背后,主要的原因是,城市中越来越多的宠物猫被有"名贵家具"意识的主人在室内驯养。因此,猫必须接受这种基本的去趾服务,以便在主人精心布置的家里生活。这个过程是为了避免猫抓坏"贵重的"家具而做的。但是,去趾术迄今只发展了30年。而带爪的猫已经在室内生活了比这长得多的时间。去趾术去除猫的骨头、肌腱、韧带和每个爪尖的第一个

指节。去趾术剥夺了猫生命攸关的部分，也是猫解剖学上最重要的部分。简单地说，被去趾的猫是残疾的猫。去趾带来生理上的痛苦暂且不提，对猫心理上的打击也是巨大的，这使它们彻底丧失了攀爬追击、狩猎和猫类社交的能力。据美国华盛顿州立大学1994年兽医临床的科学报告，被去趾的163只猫中，50%在做完手术后，立刻出现一种或多种并发症，像疼痛、出血、残废、体重减轻等症状。在对121只猫的术后进一步跟踪显示，20%出现了持续的并发症，像感染、体重暴增、爪子上骨头突出、间歇性跛（不正常的走路姿势）等。70%因为行为的问题进入收留所和庇护所的猫，是去趾猫。25%进入收留所和庇护所的猫是纯种猫。从以上数据可见，猫爪在猫的生命中有多么重要的作用。

• 清洁功能

　　光滑、清洁的外衣对猫的健康快乐而言是不可缺少的。体温的控制、清洁、防水和保持身体的气息信号对猫来说是性命攸关的。研究显示，猫每天花费大量的时间在它们自己的梳妆打扮上。不仅是典型的舔的动作，而且还有反复的抓挠。这种抓的动作是日常清洁工作的关键部分：摆脱皮肤瘙痒，去除脱落的毛发和梳理杂乱的体毛。没有了爪子，人和猫都不能有效地抓挠自己。整个整理的过程将是十分痛苦的。即使主人每天都为它们梳理，也代替不了自然地抓挠带给它们的快感。任何有痒不能抓（或够不到发痒区域）的人都应该能体会到去趾猫的这种尴尬。

- 攀爬功能

    攀爬是猫科动物的第二大本能。事实上，再怎么惩罚它，也不可能打消它攀爬的欲望。如果它在去趾以后，还试图攀爬，那将是对它一生最大的惩罚，因为它已经不可能用它的爪子和趾甲抓住任何东西了。如果它跑到户外，它将更加危险。如果它被其他猫、狗或是抱有敌意的人追赶，在第一个机会出现的时候，它会迅速地向高处逃跑，以躲避敌人的攻击。当它向上跳到墙壁、篱笆或树上的时候，它用它不再存在的爪子来抓住表面，这对它来说太恐怖了，它将发现自己在不断地向下滑，并且最后摔倒在敌人的面前。

- 防御功能

　　当面临敌人的时候，当需要保护自己的时候，它将会处于非常不利的处境。当它挥舞着它的爪子的时候，它已经失去了它的防御武器。通常，仅仅是那细小锋利的爪子带来的痛苦，就可以让它徘徊在生与死的边缘。

• 狩猎功能

去趾术不仅破坏了猫清洁、攀爬、自卫的能力，还毁灭了猫狩猎的能力。"啊"，你也许会说，"这对我的猫不重要，它是精心饲养的家庭宠物。"但是，这个精心饲养的猫，某天自己在大街上走丢，或无家可归的时候，将迅速地因饥饿而死去。对有着尖利爪子的捕食动物来说，必不可少的抓的动作，将变成毫无用处的姿势。

● 猫的胡须

概括说来就是相当于天线的作用。通过胡须的尖端来判断周围是否有障碍物。在狩猎或从敌人那儿逃脱的时候，猫必须通过非常狭窄的地方，根本没有足够的精力与时间去一一确认来自正面的情况。原本猫眼就很难将焦点对准视野的边缘部分，所以很难确认周围的情况。这时就要靠胡须了。如果右侧的胡须尖端碰到什么东西的话，就说明右边有障碍物，身体就往左移动。这跟我们在黑暗中依靠两手来摸索着前进是一个道理。

胡须要比一般的体毛长、粗，且硬很多。所有的体毛根部都被神经包围着，尖

端被什么东西触摸到的话，立刻就能察觉到。我们人类的毛发尖端被什么东西碰到的话，也会立刻感觉到，这其中的原理是一样的。因为猫的胡须很长很硬，如果尖端被什么东西碰到的话，就会像"杠杆原理"一样，毛根部的神经会受到强大的刺激。所以猫才会如此敏感。

让我们来观察下猫的脸。胡须不仅长在上嘴唇上，眼睛上方、脸颊上、下巴上都长有胡须，脸上长了两处。猫在前进的时候，这些胡须呈放射状，扩张开来，

甚至能遮住整个身体的大小。

由于猫的胡须非常醒目，胡须几乎成了猫家族的专利。而实际上，很多动物都有胡须。肉食动物自然都有胡须，像老鼠、兔子、马、牛等大多数的动物都有胡须。老鼠更是一边动着胡须一边进行着各项活动。比起猫来，老鼠更为积极地将胡须当做了一种传感器来利用。当有虫子飞到食草动物的面前时，它们总能快速将其抓获。

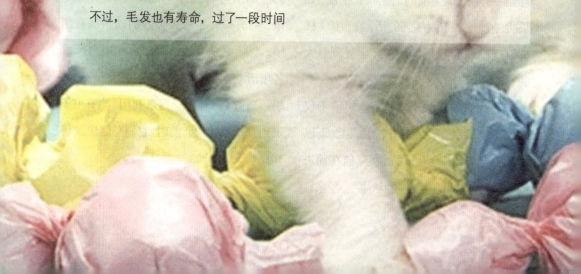

• 自由活动的胡须与不动的胡须

位于猫咪上唇的胡须要比其他胡须长一点、粗一点。并且当猫发现什么有意思的东西盯着看的时候，或者是尾随活动着的物体之时，上唇的胡须会向前竖起。虽然其他胡须都无法动弹，但唯有此处的胡须能够自由地活动、躺下来休息。

所谓自由地活动就是"积极地做点什么"的意思。那些不能动弹的胡须不过是"被动的传感器"而已，而上唇的胡须却有着其他功能。那么，这种功能究竟是什么呢？

应该是捕捉猎物时的道具。猫狩猎的时候，总是先偷偷接近猎物，看准时机后，一鼓作气一跃而上，咬死猎物。当一口咬住猎物企图让其停止呼吸的时候，完全是靠嘴上的力量将挣扎的猎物制服。一不小心，就有可能被反抗的猎物反咬一口，这时就需要这个传感器了。况且越是接近越是对不准焦点的话，就越想进攻。上唇胡须的长度正好用来测量突击时与猎物之间的距离。

不过，毛发也有寿命，过了一段时间就会脱落。而且在脱落之前会变得越来越稀少。身体上的毛要比胡须的寿命长，所以胡须要比体毛来得长。为了能够让毛的寿命变得更长，长毛品种得到了改良。因此，体毛一般都不怎么会脱落，变得越来越长。而胡须的寿命也随着体毛的比例一起变长。可以说，猫的胡须长到了超出它的功能所需要的范围。

● 猫的尾巴

猫能生存到今天,它的尾巴居功至伟。因为猫能放心地爬高上树,特别是从高处跳下时不会跌死,全仗了尾巴能鼓动气浪,产生缓冲,减慢下降速度,保持身体头冲上、脚朝下落地,也就是说猫尾巴有平衡身体的作用。

大多数猫都有一条美丽而舒展的尾巴,它不仅使猫更加高贵、华丽、迷人而富魅力,更重要的是,猫的尾巴是保持其身体平衡、调整体位、配合身体其他部位完成某些动作的器官。猫亦用尾巴的动作来表达某些感情。此外,猫的尾巴也是猫驱赶蚊、蝇,捕捉猎物的辅助器官。

猫从高处四脚朝天往下跌落时,它尾巴一甩,整个身体就翻转过来,四肢就先着地了。这就是猫从高空跌落时不会被摔伤的重要原因之一。猫向上跳跃时,拖着尾巴;向下跳时,尾巴向上伸;直线奔跑时,尾巴总是水平向后伸直;急转弯时,尾巴如同船舵一样,略向转向的一侧,这些都是起着保持身体平衡的作用。

猫尾巴常按猫完成动作的需要改变位置和方向。如睡眠时,猫尾巴经常围绕着身旁;雄猫

便溺时，尾部向左右频频颤动；在争斗搏击时，其尾巴频频左右摇摆、抽打；发现老鼠或其他猎物，准备捕捉时，猫的尾巴和身体呈一直线，随着身体下伏，与地面平行，只有尾巴尖端微微地往左右摆动。

　　猫尾巴的动作也常常表达某一感情，如乞食时，尾巴向上笔直翘立，尾尖向一旁或向前微弯；尾巴温和轻柔地摆动，是亲昵和高兴的表示，亦是思考时的动作；如尾巴猛力地拍打，则表示生气；当尾巴出现痉挛性活动，则大多表示愤怒和受惊；尾巴像旗杆一样笔直立起来，是满足、安全、得意的表现；尾巴有气无力地向下耷拉时，是生病、悲伤、不安、警戒、害怕的表现。

● 猫的语言

猫是人们喜爱的一种家养动物，猫不会说话，但是有它自己的语言，它通过不同的叫声、多样的动作，来表达自己的要求、意愿和感情。

猫发出咪咪的叫声，叫一声便戛然而止，嘴巴张着并不马上闭起来，这通常表达两种意思：一是向你问候，例如你下班回家一进门，家中的猫就这样迎接你；二是提出某种要求，如果猫是在冰箱门前叫唤，是表示它饿了，向你要吃的，如果是在关着的门前这样叫，是表示它想出去玩玩了。猫在受伤、极度痛苦或临死时，往往会大声地咪咪叫个不停；受伤的猫对兽医发出咪咪声，可能是需要友谊的信号；对主人发出咪咪声，则可能是表达对友爱的感谢。

猫有时发出呼噜呼噜的声响，这是表示它称心如意。假如一只猫受了伤，即使疼得厉害，但只要是躺在主人的怀里，它仍会发出呼噜声。

你对猫说几句亲热话，它可能会就地打滚，舒展四肢，张开嘴巴，舞动爪子，

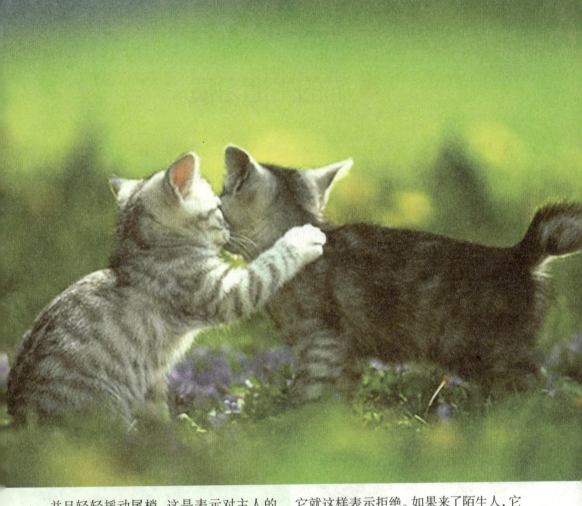

并且轻轻摇动尾梢，这是表示对主人的无限信任。对于陌生人，猫不会冒险做此姿态，因为仰面袒腹会使它极易受到伤害。

猫高兴时，耳朵抬起，胡须放松，瞳孔没有变化，尾尖抽动。如果它双耳直立向后摆，耳尖向里弯，瞳孔缩成一条缝，胡须向前竖起，这是在发怒了。如果仅仅把两耳向后竖立，这是表示"不要"的意思，例如你给它吃一样它不喜欢的东西，

它就这样表示拒绝。如果来了陌生人，它会双耳紧贴脑袋，躺在床底下，这是它害怕的表现。

猫爱在你的腿上摩擦，部分原因是想做友好的表示，有时却是以此对你表示安慰。因为人在喜怒哀乐时会散发出不同的情绪气味，形成情绪气味场，猫对这种气味非常敏感，当主人心情郁闷时，它会主动摩擦你的手脚，对你表示安慰。

85

● 猫的生活习惯

大"懒"猫 ＞

我们都知道，猫咪一生中大部分时间是用来睡觉的。据说，由于猫咪喜欢睡觉的天性，为人类了解睡眠这一古老又神秘的自然现象做出了极大的贡献。事实上，今天人类对睡眠的了解大多数来自于猫，因为研究者喜欢把爱睡的猫咪当做实验的对象。猫每天平均花上16个小时来睡觉，占一天时间的2/3。这比我们人类的睡眠要长上9小时左右。猫和人类的睡眠非常不同，我们不可能睡上三五分钟后起来忙点别的，然后倒头重睡，但猫可以!它们可以把觉分成一段一段的，而且，每一段看上去都睡得有滋有味。

由于猫睡觉时消耗的能量很少，所以有些人认为睡觉不光可以恢复体力、体能，还有节省能量、保持恒定体温的作用。也许这仅仅是一种推断，但睡眠对于不同的生物来说，有着不可替代的生理意义，缺乏睡眠会使人的判断力下降、反应迟钝等等，甚至死亡。这些问题会不会在猫身上发生我们无法找到答案，因为真的没有听到过哪只猫咪患上严重

的失眠症了。

猫不论是睡觉还是醒着，都在不断地接受环境刺激的资讯，并据此作出反应。科学实验时，将猫放在毫无刺激的环境里，用脑电图记录下猫的大脑活动。由于没有刺激，大脑就逐渐停止工作，处于维持身体机能的最低水准，没有自发思维或产生观念的迹象。猫和处于相同条件下的人不一样，它不会消磨时间去作诗或者回忆愉快的往事。

通过脑电图对猫的大脑进行研究，发现猫睡眠时有酣睡和非酣睡（容易惊醒）两种状态的差别。30%时间是酣睡，而70%时间容易惊醒。

在猫咪每天16小时的睡眠时间里，有4到7小时处于动眼睡眠阶段。动眼睡眠时眼球会快速地前后颤动、瞬膜(即内眼睑)闭合。动眼睡眠是身体的休息，猫咪进入动眼睡眠时全身肌肉放松，姿势一般就是盘成一团。和人类一样，处于动眼睡眠中的猫咪思维非常活跃，脑电波与清醒状态时极为相似。十分奇异的是：

酣睡状态下的猫的大脑就像醒着时一样敏捷，猫仍然不断地透过敏感的器官，对即将来临的危险信号保持警觉。因此，你不要错误地以为抓住睡着的猫的尾巴，就可能叫猫滚蛋，因为它会立刻惊醒。处于动眼睡眠状态时，猫会睡得很深，被突然唤醒，会暂时失去方向感和平衡感，和人类睡得糊里糊涂时被叫起来的反应是一样的。

这两种睡眠在不断地交替进行。刚刚睡着时，是处于慢波睡眠状态，10—30分钟后，转入动眼睡眠状态，再过六七分钟，又回到慢波睡眠状态，睡上20—30分钟。这种交替发生时，猫常常会醒来，伸懒腰，打呵欠，换一个姿势再接着睡。

可以肯定地说，猫咪是会做梦的。大量处在动眼睡眠的猫咪脑电波显示，这是完全成立的。动眼睡眠的状态下，猫会有做梦的表现：猛然抽动、身体局部颤动，有时猫的下颚快速开合，像在咬东西，一些贫嘴的猫咪还会说说梦话。

高高在上 ＞

养猫的朋友平时肯定有种感觉，就是猫咪好像很喜欢呆在高的地方，例如橱柜的上面。为什么呢？其实我们可能永远没办法知道猫咪喜欢待在高的地方的真正原因，但是有以下几个理论：

高度是地位的一个象征，如果在家里养了不止一只猫，那只占据制高点的猫通常就是最掌权的猫，也就是说，最高的那只猫就是老大。

高度让猫咪有较佳的视野，在较高的位置，猫咪可以更容易观察在它领域范围内其他人或其他宠物的动静。在野外，高处会是比较容易隐匿自己不被猎物发现的地方。

在较寒冷的地区，猫咪为了取暖，会挑比较温暖的地方，而有些较高的地方，例如冰箱上方、橱柜上方接近暖气的出风口等等可能是它们觉得温暖的地方。

猫咪会喜欢待在较高的地方，可能是因为以上的某几个原因，也有可能真的是只有它自己才知道的原因。

89

猫有九条命?

常听人说猫有九条命,也许那只是说它们的生命力强。虽然从技术观点来说,这是不可能的,但从精神层面来说,此话有道理吗?猫比其他动物能更顽强地生存吗?这种看法也许是由于人们看到猫都能设法承受各种意外事故、伤害和困扰,并且逢凶化吉,因此而有此说法。

"9"是一个神秘的数字,事实可能是这样:正因为猫总是被神秘和魔法似的气氛笼罩着,所以才引出了九条命的神话。

无可否认,我也发现猫和狗相比,过着似乎有魔法保护的生活。但这可能是由于猫具有恢复平衡的本能反应和灵敏的平衡感而并非有着任何超自然的力量存在着。

猫在休息时,喉咙中常会发出呼噜呼噜的声音。有人认为这是猫在打呼噜,但美国科学家发现这是猫自疗的方式之一。人们之所以称猫有九条命,与猫休息时打呼有密不可分的关系。

科学家指出,无论是家猫或野猫,在受伤后都会发出呼噜呼噜的声音。这种由喉头发出的呼噜声有助于它们疗治骨伤及器官损伤。科学家从人类实验中

也发现，将人体暴露于如同猫打呼声的声波下，有助于改善人类的骨质。

美国北卡罗莱纳州区系动物沟通研究所所长马金瑟纳尔表示，由于猫科动物可借自己发出的声波疗伤，因此"九命怪猫"的传说并非荒诞不经。

猫的爬高本领在家畜中可谓首屈一指。"蹿房脊"对猫来说是轻而易举之事，有时甚至能爬到很高的大树上去。猫在遭到追击时，总是迅速地爬到高处，静观其对手无可奈何地离去后才下来。猫之所以能善于爬到高处，这同它的全身构造有关。我们经常看到猫从很高的地方掉下来，而身体不会有丝毫损伤，而狗从同样高度掉下来的话，非死即伤，这就是人们常说的"猫有九条命"的由来。

猫从高处落下后为什么不会受伤害呢？这与猫有发达的平衡系统和完善的机体保护机制有关。当猫从空中下落时，即使开始时背朝下，四脚朝天，在下落过程中，猫总是能迅速地转过身来，当接近地面时，前肢已做好着陆的准备。猫脚趾

上厚实的脂肪质肉垫，能大大减轻地面对猫体反冲的震动。可有效地防止震动对各脏器的损伤作用。猫的尾巴也是一个平衡器官，如同飞机的尾翼一样，可使身体保持平衡。除此之外，猫肢发达，前肢短，后肢长，利于跳跃。其运动神经发达，身体柔软，肌肉韧带强，平衡能力完善，因此在攀爬跳跃时尽管落差很大，也不会因失去平衡而摔死。

● 猫有九条命的传说

一只老雄猫在一座庙宇门口打盹。据说它是一位退休的数学家，平时做事总是心不在焉而且生性懒惰。它的生活除了吃饭外就是偶尔睁开眼睛数数附近有几只苍蝇，然后又回到它沉睡的梦乡中去。

有一次，掌管动物寿命长短的造物主特派使者——希瓦之神恰巧经过。他看着猫身上所保存的自然优雅体态，妩媚之至，眼睛不禁一亮，虽然它因为慵懒而形成的体态极为丰腴肥胖，希瓦之神仍然问它："你是谁？会做什么？"

老猫懒得连眼皮甚至都没微微睁开一下，嘟哝道："我是一只很有学问的老猫，我很会数数儿。""妙极了！你会数到几？""唉，还用说吗？我能数到无穷尽！""这样的话，让我开开心，为我数数儿吧！朋友，数吧……"，希瓦之神说道。

猫儿拉长身子伸个懒腰，打了个好深好深的呵欠，然后自命不凡地开始念道："一……二……三……四……"，每多念一个数字，声音就越加模糊不清，快要听不见了。数到了七，猫儿已经半梦半醒；到了九，它干脆打起呼来，回到甜美的睡眠中。

"既然你只会数到九，"伟大的希瓦之神下旨道，"就赐给你九条命。"从此，猫咪们便拥有九次生命。

• 科学家破解"猫有九命"之谜

　　美国北卡罗莱纳州区系动物沟通研究所科学家发现，家猫打呼声的频率约在27至44赫兹，美洲狮、中南美洲豹、非洲山猫、印度豹及西南亚野猫等的打呼声频率为20至50赫兹。这一发现证明，人类暴露于20至50赫的音波下，可以增强骨质并促进骨骼成长的理论是正确的。

　　北卡罗莱纳州区系动物沟通研究所所长马金瑟纳尔表示，由于猫科动物可借自己发出的音波疗伤，因此"九命怪猫"的传说并非荒诞不经。科学家指出，某种频率的音波可以刺激猫科动物医疗骨伤的疗程。猫科动物喉头发出的呼噜声，其疗伤的效用就如同人类置身于超音波下疗伤的效用。

　　马金瑟纳尔表示，以上的发现使得"九命怪猫"之谜得以破解。科学家下一步想了解猫科动物呼噜声的疗伤过程。所有猫科动物都会发出呼噜声，老虎是少数不发呼噜声的猫科动物之一。猫从高楼上坠下不死，且迅速复原的例子在世界上比比皆是。刊载于美洲动物医疗协会杂志中的一份研究报告即指出，在调查了132起猫自平均6层楼高的高度坠下的案例后发现，90%都存活下来。其中更有1例，猫自45层高楼坠下仍然存活。

　　北卡罗莱纳州研究人员正在探讨用音波治疗骨质疏松症及刺激停经妇女骨骼重生的可能性。北英格兰贺尔大学骨骼新陈代谢疾病科主任波尔迪表示，人类的骨骼需要刺激，否则钙质便将流失，使得骨骼变得脆弱。猫喉咙发出呼噜声可能就是猫刺激骨骼重生的方式。波尔迪还表示，针对患有骨质疏松症的老年人设计运动来防止骨质流失是十分困难的，但利用猫科动物打呼疗骨伤的原理，帮助老年人改善骨质成为可能。

  好奇心害死猫

　　好奇心害死猫，整句话出自 1912 年尤金·奥尼尔所写的剧本。西方传说猫有九条命，怎么都不会死去，而最后恰恰是死于自己的好奇心，可见好奇心有时是多么的可怕！在很多西方人眼里，猫（cat）是好奇心（curiosity）和神秘（mystery）的象征，猫喜欢用鼻子到处嗅。对人就是形容总爱问不应该问的问题，惹麻烦，比如《爱丽丝梦游仙境》。当人们讲 Curiosity killed the cat 时，其实不是真的讲好奇心把猫杀死了，而是说好奇心可能使自己丧命的喔！自然啦，在实际的用

法中也并没有丧命那么严重，但起码是告诫人们好奇心要有一定的限度，否则危险。

　　为什么不用狗呢？这是源于莎士比亚时代的一句谚语：care kills a cat. 这里的 care 是说像猫一样的过度谨慎，多疑，忧心忡忡，最终让人折寿。到 1909 年，猫和好奇第一次联系起来在欧亨利的小说《Schools and Schools》中 "Curiosity can do more things than kill a cat." 后来被尤金·奥尼尔用上，才成了今天我们常说的这句话。

● 爱干净的猫

一般猫都是在吃过饭之后洗脸。先用舌头舔舐嘴的四周，接着再开始"洗脸"。

"洗脸"才短短两个字，但猫操作起来却是一项大工程。仔细观察会发现，最先洗的是位于嘴角的胡须。用舔过的前爪去擦胡须，再舔舐前爪，舔完再擦胡须，如此反复。接下来再

用另一侧的前爪使用同样的方法去擦另一边的胡须。胡须清理干净了，才开始全身的清洗工作。这样一来，吃完饭后嘴周围、胡须上的污垢，以及脸上的脏东西就掉了。由于无法直接舔到脸，只能用舔过的前爪。

猫原本是杀死活的猎物之后再食用的，吃完后不仅嘴边、脸上、身上都脏了，不处理的话很不清洁。于是，养成了吃完饭后将嘴边及脸清理得干干净净的习惯。特别是看到猫如此专心致志地清理胡须的场景后，你就知道胡须对于猫来

说是多么重要的感觉器官了。

同样是肉食动物的狗，在吃完饭后脸上也会变得很脏，而狗却不会像猫那样热衷于洗脸。因为猫是通过埋伏突袭对手的动物，所以不喜欢在身上留下任何气味。如果有体臭的话，猎物们就会发现猫的存在从而逃跑。实际上，短毛的猫即使不用香波，也不会有狗身上的那种体臭。

消除体臭，是猫的最高使命。因此，不仅是为了去除污垢，同时也是为了消除体臭，才需要如此敬业地洗脸。

猫在饭后洗完脸后，会转移到一个能够安心呆着的地方，开始舔舐全身的毛。舔舔背上的毛、肚子上的毛、腿上的毛……都说"猫非常爱干净"，这也是为了消除体臭而做的每日保养工作。

猫总爱舔爪子，因为它的爪子上会沾上灰尘。要知道猫是十分爱干净的动物，它们会时常去清理这些部位，这也成了它们打发时间时的习惯动作。猫的皮毛里有一种东西，被太阳一晒，能变成有营养的维生素。猫舔毛是在吃维生素，而不是洗澡。猫喜欢经常舔自己的毛发，通常人们都会想我家的猫真爱干净，会自己给自己梳毛。其实猫舔自己的毛发是缓解情绪的一种方式。在乐此不疲地舔舐梳理之后，猫会一下子就睡着。转移到能

够安心呆着的地方，也是为了好好地睡一觉。但需要我们注意的是，在猫舌上有很多倒刺，猫在做这个动作的时候就极可能将很多脱落的毛发卷到肚子里去，这些毛发是不易消化的，会淤积在肠道形成毛球，有时猫会出现自发的呕吐，将毛球吐出，但也有淤积较多吐不出的。如果在户外的猫会去找一些草吃下，再刺激自己吐出毛球。但家养的猫可就没办法了，那就需要我们主人为它准备了，可以准备一些去毛球膏或去毛球毛粮定期喂，避免毛球淤积在畅道造成肠梗阻，并且经常帮它梳理脱落的毛发。

猫通常有固定的排便处所，排便后还会用沙将粪便掩盖上。这一"卫生习惯"得益于它的祖先——野猫。野猫为了防止天敌根据其粪便气味发现它、追踪它，于是就将粪便掩盖起来。这一习性传给家猫后已失去原来这方面的意义，但给予家猫一个爱清洁、讲卫生的美名。

● 猫和老鼠

猫为什么要吃老鼠，这是个古老而有趣的故事。世界上许许多多民族流传下来的民间故事和神话传说，对此做出了个自己的解释，在大名鼎鼎的世界最畅销书《圣经》中也有独到的解释。

科学家们几百年来一直对一个问题困惑不解：猫一旦不吃老鼠后，它们的"夜视"能力为什么会逐渐下降，最后几乎"丧失殆尽"。

德国海德堡大学生物学教授穆勒博士经过多年探索，终于解开了这一长期困扰世界动物生理学界的谜团。穆勒认为，一种叫"牛黄酸"的物质，能提高哺乳动物的夜间视觉能力。猫不能在体内合成牛黄酸，如果体内长期缺乏牛黄酸，猫在夜间就会由"一目了然"变为"睁眼瞎"，最后丧失夜间活动能力。老鼠体内却有一种特殊物质，能自行合成牛黄酸。所以，猫只有不断捕食老鼠，才能弥补体内牛黄酸不足，以保持和提高自身的夜视能力，正常地生存下去。

穆勒认为，当今社会大城市中猫处于恶性循环状态：一方面因很少或几乎不吃老鼠，使它们的夜间捕鼠能力大大降低，而这种降低又使它们少食鼠肉。这样下去，现代猫的捕鼠功能自然是"一代不如一代"了。

穆勒的研究成果一公布，立即引起了眼科医学

家的兴趣。原来，目前医学界对一种"顽固性夜盲"仍束手无策。这种夜盲并非常见的由缺少维生素A引起的，因而至今不明白它的发病机制。于是，医生们设想，这种病的患者可能也缺少牛黄酸，因而他们尝试让这些病人食一些鼠肉。

经深入、精致的眼科生理检测发现，食用老鼠肉以后，病人眼睛中视网膜内的"视紫红质"的数量增多了，由此使"具有弱光感应的杆状细胞"的感光性能增强了，他们的夜视能力因此也增强了。

● 老鼠什么情况下不怕猫?

日本研究人员在最新一期《自然》杂志网络版上报告说,如果与嗅觉有关的神经回路发生中断,那么老鼠即使分辨出了猫的气味,也不会逃避。这一研究还证实,某些哺乳动物躲避天敌的行为是与生俱来的。

东京大学理学系研究人员采用转基因技术切断实验鼠大脑特定的神经回路,控制嗅细胞向大脑传递信号的过程,分析实验鼠的反应和行为。

研究人员介绍说,大脑接收气味信号的嗅球区域分为上下两个部分。如果使实验鼠嗅球的上半部分正常工作而下半部分不发挥功能,那么它们即使出生后从未碰见猫,也会在闻到猫的气味后逃跑或者畏缩。相反,如果嗅球的上半部分不发挥功能而下半部分正常工作,那么实验鼠能够分辨出猫的气味,但它们不会逃避,甚至不会紧张。

研究人员认为,在嗅球上半部分的神经中,感知

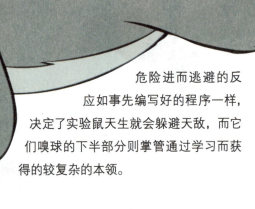

危险进而逃避的反应如事先编写好的程序一样,决定了实验鼠天生就会躲避天敌,而它们嗅球的下半部分则掌管通过学习而获得的较复杂的本领。

101

● "恋家" 的猫

过去常说: "狗恋人, 猫恋家。" 那是因为即使主人搬家了狗也会跟随着, 而猫则会跑回原来的家去。

过着群居生活的狗, 把主人当成是自己群体里的领导者, 将家人当成是群体的成员。认为守护家人是自己的使命, 所以能够成为看家狗。而且, 它们觉得能跟家人一起生活是最幸福的事情, 因此只要跟家人在一起, 哪儿都会去。所以说它"恋人"。

而至于说"猫恋家", 过去跟现代的情况应该是不一样的。过去的猫都是在家中或家的附近逮老鼠吃。对于完全属于肉食动物的猫来说, 主人给的剩菜剩饭的营养不足, 只能靠自己出去猎食填饱肚子。人类非常感激猫为自己消灭了老鼠, 正是为了让猫捉老鼠, 才将猫长时间地放养在外面。

对于这些猫来说, 家的周围就成了自己的狩猎场。如果家人搬到了附近的其他地方, 它们肯定会回到能够确保自己捕捉猎物、过去属于自己地盘的狩猎场。

因为食物不是主人给予的，而是自己在家的周围捕获到的。"猫恋家"其实是这么一回事。

　　澳大利亚一只"恋家"的猫咪叫做杰西，它随主人谢丽·凯尔从澳大利亚南部的安加拉搬到达尔文市附近的百丽泉，然而不久后杰西就失踪了。一年多以后，凯尔旧宅的新住户发现一只奇怪的猫咪在房屋周围转来转去。他拍了一张照片寄给凯尔，最终确认这只猫就是杰西。杰西用了一年多的时间，行走3000多公里返回旧居，期间还曾穿越沙漠。

　　如果搬到一个很远的地方，回不到原来的家了，猫就只能重新建立起自己的地盘了。必须是有猎物的地方，而不一定要在新家的附近。为了找到一个有猎物的地盘，猫有可能会跑到别的地方去。这个时候，有的人会认为，"猫回到以前的家去了"。不管怎样，所谓的"猫恋家"已经是猫靠捕捉老鼠生存的时代的话题了。

● 猫的寿命

动物的寿命一般跟体型大小有关，体型大的就活得时间长，体型小的就活得时间短。比如说，最大的哺乳类动物蓝鲸的寿命约为110岁，大象的寿命长达60岁，老鼠的寿命就只有2—3岁。不过，这些都是在"没有重大事故、饥饿发生，生活环境相对健康"前提下的寿命。对于野生动物来说，存在的危险很多，并且，体型小的动物很有可能会被当做猎物吃掉，也就没法活那么长了。

据说猫能活15年左右，不过这也是在"没有任何重大事故、饥饿发生，生活环境相对健康"的前提下。那些没有主人饲养的野猫，往往找不到足够的食物，而且很容易遭遇事故，所以很多会因生病或受伤而过早地死去。这跟野生动物的情况极具相似性。实际上，大多数的野猫在出生后的5年内就死去了。只有那些由人类饲养，在安全与食物方面都得到充分保障的猫才有可能生存15年左右。

而到了现代，即便是活到20岁以上的猫也不在少数了。这是由于为猫咪提供营养均衡的猫粮，不让猫咪出门，在家就能喂养好猫咪的主人越来越多。不管是什么样的疾病，主人都能将猫咪送到动物医院接受诊治，这也是猫得以长寿的一个重大原因。吉尼斯纪录显示，最长寿的猫活到了34岁。

包括人类在内的生物，都应该有两种寿命——原本的寿命与环境影响下的寿命。在文明发展了的前提下，粮食得到了保障、医疗手段越来越发达，我们人类的寿命得到了延长，同样的道理，家养的猫在人类喂养文明的恩惠下，它们的寿命也得以延长了。

• 猫的发育阶段与人的年龄对比

猫的寿命为 15 年左右。也就是说当猫七八岁的时候，已然进入中老年时期了。猫粮上标有"7 岁以上食用"的字样，但是"年纪大了以后还跟年轻时吃一样的东西的话，就会担心会不会得生活习惯病"。猫的营养学跟人类一样，处于日新月异的进步中。

或许有人会想了："如果说七八岁就到中老年了，那么猫咪到底几岁时成年呢？"所谓"成年"就是到了基本的性成熟期，所以猫咪性成熟之后，就可以认为其"已经成年"了。猫的性成熟大概开始于出生后的 1 年左右。跟人类一样，也有"早熟"的猫跟"晚熟"的猫，但大多数都是在出生后的 10—13 个月开始成熟。这个时期，体型也会长到成年猫的大小。

那么，成年之前的"童年时代"又是怎样的呢？比方说，猫咪出生一个月，相当于人几岁的时候呢？对此，有一个将各自成长阶段作对比的方法。

首先，猫咪开始长乳牙大概是在出生后的 2—3 个星期，人开始长乳牙是在出生后的 6—8 个月的时候。所以，猫咪出生后的 2—3 个星期就相当于人出生后的 6—8 个月。猫要到出生后一个月的时候乳牙才全都长成，而人要到两岁半。猫要到出生后 6 个月的时候才能长全永久牙，而人要到 12 岁。这些也都可以看做是各自的相对同等年龄。这样将各自的发育阶段进行了对比之后，就能看出点头绪了。

性成熟之后的阶段也能根据各自的寿命来做出简单的计算了。

● 猫是"夜游神"

猫是夜游动物,无论家猫还是野猫都有昼伏夜出的习惯,很多活动(如捕鼠、求偶交配)常常是在夜间进行。猫每天最活跃的时刻是在黎明或傍晚,白天的大部分时间都在懒洋洋地休息或睡觉。

经常会在深夜的时候,看到停车场或空地上聚集着很多猫,什么也不做,只是坐在那儿。相互之间隔着一段距离,既不是在打架,也不能说是在交流感情,只是坐着。这就是猫的"夜间集会"。三五成群地聚在一起,过了一段时间后,又三三两两地解散。究竟是在做什么呢?为了什么而聚到一块儿的呢?这些疑问过去就有了,到如今也还没有解开。

不过,也有一种比较有说服力的说法:"这会不会是重叠地盘上的猫'兄弟'们的'碰面会'呢?这种"夜间聚会"只会出现在猫密度高的人口密集地,猫

密度低的地方是不会见到这种现象的。猫的密度高了，就会有很多猫的地盘重叠。在那些重叠的地盘空地上出现了类似"碰面会"这样的集会。

至于"为什么要碰面呢"，其中的原因就不太清楚了。猫是夜间活动的动物，在外饲养的猫也是在深夜出行。在自己的地盘内走动，经过空地时，发现有其他猫聚集在那儿，不是迅速离开，而是"不知不觉"地就停了下来。结果就演变成了一场"碰面会"，看看自己的地盘里生活着什么样的猫，从而重新掌握下自己地盘的情况。

不管怎样，关于"夜间聚会"还有很多谜团。随着都市里越来越多的猫都转移到室内饲养，"夜间集会"也不常见了，大部分的谜团也就无法解开了。

107

● 猫的毛色与性别的关系

猫控制毛色黄和黑的等位基因位于X染色体上。

猫的基本颜色是黑色和黄色（其它颜色可以归结为这两种颜色各自深浅不同的变种），这两种颜色各自位于一条X染色体上。另外，关于"白色"的基因是非伴性遗传，所以不管公猫还是母猫，都有可能在具备黑或黄色的同时，身上有白色。再加上其他决定颜色分布状态的基因，就呈现许多毛色。

三花猫是黑白黄三色，既然黑和黄（老外叫红色）各占一条X染色体，那么，既要有黑，又要有黄，势必性染色体是XX，再加一个非伴性的白色基因，就是三色了。如果没有白色基因的话就是黄黑混杂的玳瑁。

• 三色猫一定是母猫

如果您不相信的话，可以看看身边的猫咪，只要身上的毛色有三种以上，八九不离十是母猫，但虎斑的花纹只能算一种喔。

一般而言所谓的三色就是黑、红（橘）、白，顺便一提的是，外国人可能是有严重的色盲（开玩笑的），所以我们所看到的橘色毛发，他们都把它定义为红色，所以才会有红色虎斑（red tabby）或红波斯（red Persian）的名号啰。

另外，一些特殊的品种也一定是母猫喔，如龟甲毛色的猫（有的人称为玳瑁色）和蓝奶油猫（blue cream），如果仔细看这两种毛色，也勉强可以归类为三色猫，但为什么三色猫一定是母猫呢? 因为控制三色的基因是跟控制性别的基因在一起的，我们称为性联基因，所以三色猫就一定是母猫了，那有没有三色的公猫呢? 天下事无奇不有的，在基因异常的状况下公猫还是有可能会呈现三色，但大多会有繁殖障碍的问题。

黄黑混色的公猫可能性染色体是 XXY 型，所以极难繁殖，另外，听说有非常罕见的 XXYY 型是可以生的。

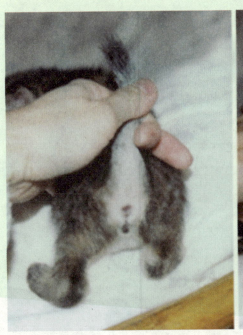
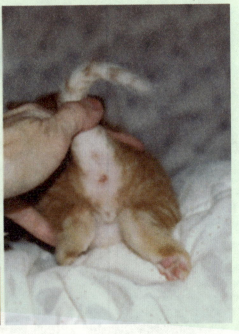

● 猫的领地意识

很多人都有被猫咪按摩的经验，你会发现它们用可爱的前脚来回交替地踩踏着您身体柔软的部位，并且大多会眯着眼发出呼噜呼噜的声响，一副很陶醉的样子，有时还会流口水，或吸吮着您的皮肤或身上的衣物，这是它们在帮人类按摩吗？

错！其实这是一种小时候吸奶的动作，就像人类也会有吸吮手指头或玩弄棉被角的动作，这样的状况大多是因为过早离乳造成的，因为过早离乳使得小猫无法完全满足吸吮的欲望，它们便会将注意力转移到环境周遭的人事物，而在那样的年龄有了这样的需求时，就会一直残留这样的习性及记忆，就是所谓的"铭记印象"，看看它们按摩时的可爱模样，是不是像极了小猫吸吮母猫乳房时的动作呢？

猫咪是领域性很强的动物，对于私有领域中的物体都会标上记号，以确认是

自己领域中的东西，这就是所谓的占有欲，但要如何标上记号呢？贴标签吗？签名留念吗？在猫咪的脖子两侧有一种特殊的腺体，会分泌出本身特殊的气味，而猫咪就会将这些气味以磨擦的方式涂抹在环境中的垂直立物，如桌脚、椅脚、门框、及人的脚，用以标识它的领域，表示"这东西是我的啦"，由于这样的气味并不持久，所以猫咪每天必须要巡视领域多次，如果气味消退了，它就会再磨擦补上，下次当您的爱猫对着你的裤管猛磨擦时，别再一厢情愿地认为它在撒娇了，它只是在做记号而已。

如果猫咪领域中的某些对象发生了气味的改变，或者对象本身的气味无法掩盖时，就会让猫咪感到极度不安，幻想有其他猫咪入侵领域，这时就必须用更激烈的手段来确定自己的领域了，一直用脖子去摩擦吗？脖子可能会扭到喔，猫咪可不会这么笨的咧，最简单的方法就是撒个几滴尿，也就是所谓的"喷尿"（urine spray）。

每只猫的尿味都不同，猫咪可以利用这样的方式来确认领域，让对象及环境中充满自己的尿味，让自己更加心安。至于可怜的猫奴呢？就得努力地清洗被喷尿的床单、棉被、脚踏垫等，但猫咪一旦发现尿液的气味被清洗干净时，必定会惊慌失措，彷佛家园又被歹徒入侵一般，被破坏掉的防线当然还要再重新建设，于是猫咪又会不客气地喷尿下去，故事就这样不断地循环，直到猫奴放弃或者猫咪满意……

● 猫和狗谁更聪明?

一只猫和一只狗扭作一团,撕咬、追逐,打翻了厨房的瓶瓶罐罐,撞倒了主人的书架,碰坏了自动洗衣机,把卫生间的卷纸拖得到处都是。几只老鼠大摇大摆,从酣战的猫狗身旁走过,吃蛋糕吃得肚皮滚圆。

无论在《加菲猫》还是在《闪电狗》等电影中,不,不,在我们的生活中,甚至此时此刻,这样的场面都随处可见。

可这远远不够。只要发挥一点点想象力,这对敌人还可以从你家我家的后院,打到太空,它们操作着电脑,用最先进的定位系统,最新式的武器,争夺地球控制权——呵,把我们人类抛一边去了。美国电影《猫狗大战》就讲述了这场恶战。

猫狗到底谁聪明,谁会获胜?这个问题恐怕只会引起宠物主人不折不扣的口水战。

牛津大学的科学家似乎站在了"狗主人"这边。他们发表在《美国学院科学进展》杂志上的研究结果表明:狗比猫聪明!

科学家研究

了过去6000万年里生活过的500种哺乳动物的大脑，这个跨度相当于从恐龙刚刚灭绝的时代直到今天。他们发现，像狗这样友好的、社会性的动物会比猫那样冷漠、喜欢独处的动物演化出更大的大脑，因为前者需要处理更复杂的社会交往问题。

这不是说大脑越大越聪明。蓝鲸的大脑比人的大脑大得多，但它没有人聪明。原来，大脑的很大一部分都用来控制身体的行动，身体越大，就需要这部分大脑越大。科学家发现，用动物大脑的体积和身体体积的比值，也就是相对脑容量来衡量动物的聪明程度更为准确。一般来说，相对脑容量越大，动物越聪明。

通过测量相对脑容量的方法，科学家们发现，具有社会性的哺乳动物，比如说狗、海豚和人类都具有比较大的相对脑容量。那些喜欢独处的动物，比如老虎、家猫和犀牛，相对脑容量就较小了。

参与这项研究的邓巴说："我们首次从演化史的深度来研究大脑。有趣的是，虽然家猫也跟人接触，但它们的相对脑容量也比狗和马要小，因为它们缺乏社会性。"

当然，猫也具有一定的"社会性"，比如它们在野外经常搞个派对，而且有很多种声音和身体语言用于交流。不过，猫从来不建立稳定的社会关系。它们来去自由，基本没有合作捕猎或者御敌的行为。牛津大学的研究者发现，建立稳定群体的动物的相对脑容量更大，更加聪明。

一言以蔽之：猫不但比狗傻，甚至比

不过马。

这个结论显然颠覆了我们平日里"猫不如狗听人话，属于大智若愚的智者、是真正的世外高手"的偏见。原来，可怜的猫笨就笨在"孤傲和超强的自尊"、"不被驯服"上。

当然，也有持不同意见者。有人就认为相对脑容量并非确定智力水平的关键因素。事实上，如果你想知道自己的宠物有多聪明，最好还是观察它们的行为，而非求助于神经解剖学数据。不过，有一个解剖学数据对于解释动物的信息处理能力有着重要意义，那就是大脑皮层里的神经元数量。在这方面猫把狗打得"落花流水"——猫的大脑皮层里有3亿个神经元，而狗只有一半多点儿。

看来，有关猫狗谁聪明的论战，科学家们还得打下去。

在德国汉堡大学的动物学家哈拉尔德·施利曼眼里，这对冤家其实没什么不共戴天之仇，它们只是情感表达不同，沟通不畅罢了。比如狗摆动尾巴是表示友好，而在猫的认识中这个动作意味着"别惹我，滚开"！相反，猫把尾巴挑起来是表示友好，在狗的语言里却是一种挑衅。

说到底，它们仅仅因为"误解"，恶意相向了千百年。

猫与科学

猫与科学结下不解之缘的例子也很多,许多科学发明、发现等,都离不开猫的贡献。

在所有已知元素的发现史上,碘的发现可以说是最具戏剧性的了。有很多人说,碘的发现是猫的功劳。当时有位化学家库尔特瓦,他利用智利的硝石和氯化钾进行反应,来制取硝酸钾,以便制作黑色炸药,而库尔特瓦所用的氯化钾是从海藻灰的溶液中提取出来的。一天,他在重复做从海藻灰中提取氯化钾实验后,忽然对海藻灰溶液的化学成分产生了怀疑,便将一部分溶液留存下来,想进一步研究。这时,他的小猫闯进实验室,突然蹿上实验台,碰翻了浓硫酸瓶子和装有海藻灰溶液的瓶子。瓶子碰碎在地,两种液体混合起来,顿时产生了紫色的蒸气,并带有强烈的刺激性气味。当蒸气遇冷凝结后,出现了紫色并带有金属光泽的晶体。库尔特瓦及其他科学家对这些晶体进行检验鉴定,证明是一种新的元素,后来,这种新的元素被法国化学家盖·吕萨克命名为碘。碘的发现,应归功于库尔特瓦,但由于碘的奇特来历,所以许多人还是幽默地说是猫发现了碘。

"日光疗法"也与猫有关。丹麦科学家尼尔斯·芬森在日常生活中发现,猫是很讲"卫生"的,它要经常地"洗脸",随后又会仔细地用舌头梳理皮毛,并且用牙齿去除藏在皮毛中的虱子等寄生虫类。因而,他对猫产了浓厚的兴趣,便仔细观察,决心从中探究到某些人类尚未了解的东西。经过长期观察发现,猫喜欢睡在睛朗的阳光下,并随阳光的移动而变换位置,从而得出猫有日光浴的习惯。一次,他发现一只猫在晒太阳时,随着阳光阴影的出现,猫会自觉地挪动一下身子。经过认真观察,才发现猫身上有一个溃烂的伤口,他明白了,原来是猫正在利用阳光进行治疗呢。他从中受到启示,开始了"光对人体生理的作用"的研究,终于获得成功,发现了"日光疗法",成为世界上第一位利用自然光源治疗疾病的专家,为用紫外线治疗皮肤病作出了杰出的贡献。1930年,尼尔斯·芬森因此获得了诺贝尔医学及生理学奖,成为众人瞩目的杰出科学家。

人类还从猫用缬草自医，了解到缬草的药用性能，用来为人类治疗疾病。所以人们喜欢用猫草代称缬草，也反映了人们对猫的感激之情。

每当提起带有"虎骨"名称的强筋壮骨、治疗关节疾病的药物时，有人会认为其中真有虎骨，其实不然。一来没有那么多的老虎为我们"奉献"其骨骼，二来若是用真正的虎骨，那成本是可想而知的了。根据猫与虎是同科，它们的骨骼在某些方面有共同之处，所以在制作有虎骨成分的药物时，就有一些是采取猫骨来代替虎骨的，实验证明，猫骨的药用性能与虎骨相差无几。

不过，关于猫，还有一些未解的科学之谜。

二战期间，一位驻扎在太平洋中部所罗门群岛的美国士兵，养了一只名叫"达万尼特"的小花猫，此猫不但灵活，还具有与一般猫不同的"本领"，它身上像装了一个活雷达似的，能预感日本飞机的踪迹。如果发现这只小花猫不住地用尾巴敲打地面，并不断地发出"呜呜"的叫声，那么不久岛的上空就会出现一队队的日本飞机。多次证明，这只猫发出的空袭警报，比岛上设立的警报站发出的信号还要早。

人们还发现，猫在地震前有急躁不安等表现，我们把这归于动物有预报地震的作用。究竟猫是怎样发挥生物雷达作用的，此谜至今尚未解开。

● 各国眼中的猫

日本 ⟩

猫是日本民族最喜爱的宠物,在日本人心目中有着特殊的地位。日本人喜欢借助猫来表达自己的感受,在长期的生活中逐渐形成了独树一帜的猫文化。从关于猫的很多传说故事、文学作品中可以看极高。

在日本的奈良时期,为了防止佛教经书遭鼠类咬坏,猫和佛教经书一起经由中国引进到日本。最初只有皇室成员才能饲养猫,因此它是权势的象征。到了明治时期,猫走进了千家万户,饲养猫的风气达到了鼎盛。日本人在长期有猫为伴的生活中,创造了大量的以猫为原

出猫文化的发展及日本人独特的爱猫情结。日语中受猫文化影响的词语、惯用句不胜枚举。这些表达方式沿用了猫的一切特性,生动形象、诙谐幽默,使用频度型的文学艺术形象,比如招财猫、夏目漱石的《我辈是猫》、机器猫和Hello Kitty等等。这些艺术形象的产生和日本人对

待猫所特有的情结是密不可分的。

在日本，猫是高贵的、有神性的，猫得到人类各种细致的呵护和照顾，各种爱猫产品、爱猫服务数不胜数。

在日语里面，有一句话叫做"神佛各奉"，说的是神社和寺院各自尊奉自己信仰的神灵。比如说，日本全国3万多个稻荷神社里面尊奉的狐狸，就不会供奉在寺院里面。但是，对猫则有所不同了。如今，在东京的"今户神社"，可以在拜殿前看到两只巨大的招财猫。这里还出售两只招财猫联结在一起的"结缘猫"，有斑块的代表男神，纯白的代表女神。这两只猫举的都是右手。通常，举右手是表示能招来财富，举左手是表示能招来客人。而东京世田谷的豪德寺俗称"猫寺"，寺内遍地是参拜者供奉的招财猫，里面到底有多少只猫，居然无法准确统计，有点像中国"卢沟桥上的狮子——数不清"了。日本文化学家直江广治在《日本文化史词典》"猫"的条目中指出，日本这种特殊的"神佛供奉"猫的现象，显示出猫在诸神之间的跨越性特征，它已经成为一种"财缘"和"情缘"的文化符号。而这种文化符号一旦拓展延伸，就会增添出更多的文化现象。

日本古典文学作品《草枕子》《源氏物语》等里面都有关于"猫"的故事。日本文豪夏目漱石的小说《我是猫》，更是把猫人格化，假猫之口发泄对社会的嘲笑和不满。而赤川次郎的《三毛猫》、宫崎骏的《猫的报恩》等更是日本的畅销书。而"机器猫"还成为了日本外务省任命的"形象大使"，构成日本"软实力"的组成部分。日语中很多词语与猫有关，使用频率极高，这些词语和猫的特性有关，生动形象、诙谐幽默。比如，用"猫眼"描述瞬息万变，"艺妓"俗称为"猫"。不能吃热东西的人被称为"猫舌"，把面积狭窄称为"猫额"，把软头发称为"猫毛"。而"老鼠药"在日本叫做"不需要猫"。每到新年的时候，人们在家中都会为老鼠供奉年糕，称其为给"老鼠的压岁钱"，祈求这一年不要出现"鼠害"。当老鼠被神圣化的时候，猫就要受"委屈"，这个时候"猫"不能叫"猫"，而要叫"皮袋"。每年2月22日在日本被称为"猫日"。因为猫叫的声音与日语"2"的发音非常相似。

埃及 〉

• 猫崇拜的表现——猫神与猫祭奠

古埃及人喜欢给他们看到的一切事物赋予神性，他们生活在万物有灵的世界中，在他们眼中，太阳是众神之首（阿蒙），月亮是女神伊西斯（Isis），天空、大地、空气、风暴、野兽、飞禽、植物……甚至羽毛，都一一被赋予超脱凡世的神力，在生活当中占有重要地位的猫自然不在话下。然而即使是在为数众多的各色神灵当中，古埃及人对于猫崇拜的规模和特色也是极不寻常的。

猫在古埃及是圣兽，传说夜晚时，太阳所发出的生命之光被藏在猫眼里保管。每晚太阳神乘坐的船由死者幽魂相伴，行经阴间，毒蛇阻止太阳神饮用船下的水，但猫会现身并斩下蛇首，死者幽魂便发出"喵"声为猫喝彩。埃及人因

此能再得见天日，在此传说中，猫象征拯救者，蛇则代表死亡与疾病。埃及妇女甚至企图将猫眼散发出的神秘气质移用到她们的双眸上，因而发展出她们特有的眼线描划法。

公元前525年，埃及和波斯发生战争。一次两国军队在尼罗河三角洲上的古城佩鲁斯发生激战，双方势均力敌，相持不下。后来，波斯人想出了一个置敌方于死地的办法，他们找来好多家猫。当双方士兵交战时，波斯士兵突然把猫扔到埃及士兵的身上。埃及人一见到猫，个个惊慌失措，无心恋战，波斯军队乘机一拥而上，杀败了埃及人，攻下了佩鲁斯城。埃及人对猫的崇拜成为了这场战争胜负的关键。

古代埃及人要为死去的猫举行隆重的葬礼后进行厚葬。养猫人家的猫死后，全家都要佩戴长纱，剃眉削发，以示哀悼。不论是穷人还是富人，在饲养的猫死后，都要给猫涂上香料和防腐剂，放进铜或木制的棺材，里面放上金制的叶片。然后，把这些棺材送到建有女神庙的布巴斯蒂城，在该庙附近下葬。这些棺材中有的特意用金银铸造并镶嵌有名贵的宝石。陪葬品除了涂有防腐香料的老鼠外，还有许多金银铸造的猫形雕像，千姿百态，造型迥异。在崇拜女神的中心布巴斯蒂地区，就出现了一个庞大的猫墓地。人们把死去猫咪的头部用石膏定型，再饰以彩绘。制作师将它们的前腿折叠于胸前，再将后腿向

上折叠于腹前。制作出的猫木乃伊形象可爱至极。

在古埃及，猫崇拜的主要表现形式为对于猫形神的崇拜。

古代埃及人把猫奉为月亮女神的化身和象征，这是因为月亮女神强大无比，是专门掌管月亮、生育和果实丰收之神。猫的某些生活习性和生理特征，如夜行性、毫不隐蔽的性爱生活和多产以及捕鼠以保证粮食丰收，正好和月亮女神的职责相符合，也就很自然地和月亮女神联系到一起了。并且，月亮女神的形象也被描绘成人身猫头，甚至女神的兄弟太阳神，也被描绘成公猫的形象。在埃及月亮女神是猫首，有猫群相伴，因此猫在埃及为圣兽，许多庙宇饲养猫，并按仪式喂食它们。在古埃及，流浪猫会受到善待，家猫则能分享家庭食物。

最早记录下来的猫科女神叫做Mafdet，金字塔的铭文描述她用爪子杀死了大毒蛇。而世界上最著名的猫女神叫做巴斯特（Bast，又记做Bastet，后面的t在古埃及语中代表阴性的标志），在埃及象形文字中"Bas"有"罐子"的意思，罐子多指装满香料的沉重罐子，由于埃及人生活在炎热的环境中，所以他们需要大量的香料用于化妆、梳洗来保持自己的卫生，并且在制作木乃伊的过程中，香料也是必不可少的原料，因此，香料在古埃及是十分贵重的材料，在现存的古埃及文物中，

也经常见到手捧香料罐子屈膝而跪的男人雕像。由此看来，巴斯特的名字似乎同香料有所联系，她的儿子Nerfertem，是香料与魔力之神，也证明了这一点。

已知最早的巴斯特雕像发现于一座公元前3000年的第15王朝神庙中，其形象为狮子头女人身的女神，被称做"巴斯特·安赫塔维之女神（Lady of Ankh-taui）"。随后在新王朝时期，巴斯特的形象逐渐演化，曾先后以沙猫头人身、家猫头人身、猫的形象出现，最早以猫头形式出现的巴斯特女神来自21王朝的一张纸草画，目前保存在埃及开罗博物。事实上，巴斯特的这些形象并非相互取代，而是一直同时存在，甚至最早的狮头形象也从未退出历史舞台。

作为有相当影响力的神，巴斯特的崇拜中心在布巴斯蒂城（Bubastis）。布巴斯

蒂城位于尼罗河三角洲东北部的特巴斯塔城（Tell-Basta），在其历史早期曾被叫做Pwr-Bast，意为"巴斯特之家"。早在22王朝，布巴斯蒂神庙便开始兴建，命令建造这座豪华宫殿的法老奥所尔科二世，在神殿的铭文中刻道：我敬与您（巴斯特）这片土地，并赠与您同拉神一样的权力。这座目前已被损毁的神庙曾被游历至此的历史学家生动描绘，它建造于布巴斯蒂城的中央，实际上是在一座小岛之上，除了入口，它被尼罗河的水道围住，宫殿内外种满了树木。宫殿是一座壮丽的方形建筑，用红色花岗岩建成，四周是雕刻着图案的石制围墙。神庙隐藏在宫殿内的树木中，神庙正中有一座巴斯特的雕像。

　　每年10月在布巴斯蒂城都要举办盛大的巴斯特祭典，这是古埃及最重要的节日之一。至时，成千上万的男女都搭乘船只从各地前往布巴斯蒂城朝圣。他们挤在船上，演奏各式乐器、唱歌跳舞、狂欢、饮酒，每到达一个港口，他们都要向岸上的人大声叫喊，女人们甚至会脱下上衣在手中挥舞。当他们到达布巴斯蒂城，庆典开始，人们献上大量祭品，疯狂歌舞、饮酒，他们还将巴斯特的雕像抬出神庙到处巡游，他们认为女神会为此感到高兴。

　　由此可见，古埃及人对猫神的崇拜已经达到了相当的程度。埃及猫是月神贝丝的化身，是夜灵的暗使，最高大的宫墙都无法阻止它们的潜入。它们像圣灵一样站在高高的墙头俯视埃及最尊贵的王族，毫无顾忌。在尼罗河畔的古埃及寺庙的壁画上，看得到公元1400年前埃及猫的形象，他们用所有能够找到材料制造以猫为形象的护身符、装饰品和艺术品，从石头到黄金，从纸草画到随身佩戴的首饰再到神庙中巨大的神像，他们认为这些物品能够保佑自己和家人免受邪恶的侵害，并给他们带来快乐与富足。他们喜爱猫，在家中或者神庙豢养猫，喂养它们甚至成为了某种形式的宗教仪式，甚至在猫死后，人们不惜花费大力气将其制成木乃伊，希望它的灵魂能够通过这种方式得到永生。在布巴斯蒂城的旧址，曾经发现了几千只猫木乃伊，它们的工艺与发现的人类木乃伊同样精细。古埃及人对猫的敬畏甚至到了如果有人杀害了猫，即使无心之过，都会被处以极刑的程度。

中国 〉

• 宋朝的猫以及相关的点滴

说到宋朝和猫，有几件事不妨借机说一下。南宋吴自牧《梦粱录·卷十八·兽之品》当中提过："猫，都人畜之，捕鼠。有长毛，白黄色者称为'狮猫'，不能捕鼠，以为美观，多府第贵官诸司人畜之，特见贵爱。"

推想，此处所指"狮猫"，可能就是而今我们所说的临清狮子猫当中黄白相间的一种。而这段记载文字还透露出一个信息，那就是朝廷对于猫的品相评价，与唐朝和后世几朝都不相同。至少在狮子猫这

品种上，纯色并非宋人心目中的上品。可见我国对于猫的审美也是在不断变化的。

南宋时文人周密所撰写的《武林旧事·卷六·小经纪》中提到，临安（即杭州）的小买卖人所经营的东西有："猫窝、猫鱼、卖猫儿"，也就是说，那个时代就有专门给猫做的猫粮（猫鱼），有专门为之设计的猫窝，也有专司买卖小猫小狗的"宠物店"。可见当时宋人对于猫的需求和宠爱达到什么地步。

说到宠猫，不得不提南宋的"崇国夫人"——说是夫人，但实际上她只是个七八岁的小妹妹。之所以能封上"崇国夫人"这样的尊号，不过是因为她的爷爷乃当朝

123

宰相秦桧。

这位崇国小妹妹非常喜欢猫，估计府中养了不少。其中有一只狮子猫不知是特别漂亮，或者特别乖巧，或者两者兼有，总之是艳压群猫，得到主人最多的宠爱。但世事难料，这只备受关爱的狮子猫某天忽然起了叛逆心，离家出走不知所踪——这可不得了了。此猫乃是崇国小妹妹最宠爱的猫，崇国小妹妹乃秦桧最宠爱的孙女，秦桧乃南宋朝廷最受宠的权臣。这一连串"宠"下来，倒霉的可就是当时临安府的大小官员了。

据说当时临安府知府出动了整个府衙所有能调动的兵马，全部上街找猫。大街小巷的酒楼茶馆贴了几百张猫的画像，更还有几百个无辜老百姓因被疑偷猫而遭逮捕……这么折腾了一圈下来，竟然死活找不到那只猫的下落。没有办法，临安府只好想尽办法弄了一只名贵的"金猫"送给

崇国妹妹。猜想这金猫可能是毛色金黄的真猫，爱猫的崇国妹妹有了新宠物，这事才算糊弄过去。

这件事在陆游的《老学庵笔记》中也有记载。而陆游自己，他也是个爱猫的人，还曾经写过"裹盐迎得小狸奴"的诗句。"狸奴"好理解，就是指猫。但"裹盐"是什么意思呢？

其实，这是古代对于猫的一种风俗。宋朝人把接猫回家当做一件非常重要的事情，像娶妾一样，要给出"聘礼"—— 当然，不必像娶妾一样给什么珍珠翡翠白玉锁，但是给一定数量的盐或者鱼却是必须的。有一个很有趣的说法，说如果是主人的猫所生的小猫，那么就要给主人

盐。而如果是野猫的小猫或者猫贩子的猫，就要将小鱼穿成一串，给母猫送去，表示郑重。不知这说法是真是假，姑妄听之吧。

虽然不少名人爱猫成痴，但是在中国作为最早被人类驯化的动物之一，猫显然没有在主流文化中得到它应有的地位。在中国，有关猫的传说屈指可数。由于猫与虎同属猫科，在行为方式和生活习性上有诸多相似，所以，中国人常常把猫与虎相比较，而这样的相较通常更加突出了老虎的威猛、凶悍，猫则作为老虎的民间化身，成语"照猫画虎"便体现了这一思想。另外，在有关中国传统的十二生肖的民间传说中，就讲述了由于老鼠的陷害，猫没能成功加入十二生肖的故事。值得注意的是，在中国人喜爱的十二生肖当中，从牛马羊猪鸡狗这些农耕民族生活中常见的动物到虎兔猴这类人类很难驯养的野生动物再到蛇鼠这类危急农耕生活的动物和龙这一幻想中的神物都榜上有名，而猫这种在农耕生活中本应发挥保护粮食免遭鼠害重要作用的动物却无缘入围，这虽然事出有因，但是不能不说这让猫错失了一次进驻中国主流文化的机会。

在中国文化中，某些意象与女子和诱惑相关，譬如猫。现在大家养宠物，也养猫，但大多数人养狗，而不养猫，男子尤其养的少。养猫为宠物者，大多为女子。当然，农村养猫，纯粹是为了捉老鼠，与文化无关。

猫在中国传统文化中，《宣和画谱》载有《蜂蝶戏猫图》，因为"猫蝶"与"耄耋"同音，暗喻祝人长寿之意。这在民间的年画中常有显现。除此之外，猫从来不是宠物，有妖魔魅化之相，带有妖气和巫婆气，与诱惑、淫荡、不洁有关。《北史·独狐信传》记一"性好左道"的老妇，养"猫鬼每杀人者，所死家财物潜移于畜猫家"。《新唐书·奸臣传》说，李义府貌柔恭而阴贼褊忌，时号"笑中刀"，又以柔而害物，号曰'人猫'。"《太平广记》卷四百四十引《闻奇录》："进士归系，暑月与一小孩于厅中寝。忽有个猫大叫，恐惊孩子，使仆以枕击之，猫偶中枕而毙。孩子应时作猫声，数日而殒。"中国十二生肖，首列鼠而摒弃猫，大概也与把猫视为不祥物有关。

在《金瓶梅》中，当白狮子猫儿正式登场时，它已经是一个令人猫骨悚然的谋害案的特殊杀手。潘金莲"终日在房里用红绢裹肉，令猫扑而挝食"，使之成为条件反射，一见官哥儿穿红衫玩耍，便当做肉食挝扑，使他吓得咽气抽搐，转为急惊风死去。西门庆怒而把猫摔死后，潘金莲还放恨此猫要在阴间索命。这种意象，是散发着鬼气或妖气的。

 十二生肖中为何没有"猫"这一属相？

关于猫为什么没有进入十二生肖，民间还有很多有意思的传说。据说上古的时候，人们是没有生肖的，于是，玉帝就想给人们排生肖，可是，怎么排呢？玉帝想了办法……他决定在天庭里召开一个生肖大会，在大会上选出当生肖的动物，各种动物都接到了玉帝召开生肖大会的圣旨，圣旨上还规定了到会的时间。

那时候，猫和老鼠是非常好的朋友，像亲兄弟一样，开生肖大会的圣旨送到了猫和老鼠那里，它们都很高兴，决定一起去参加，但是猫很喜欢打盹睡觉，所以在开会前一天，它就跟老鼠说，"鼠弟，你知道我是很喜欢打瞌睡的，明天去开会的时候，要是我睡着了，你叫我一声，"老鼠拍着胸脯说："猫大哥，你放心睡好了。到时候我保证会叫醒你的。"猫于是放心的睡着了。第二天，老鼠起得很早，自己偷偷地上天庭去了，根本就没有叫醒熟睡的猫。猫醒来后，一看时间就要到了，赶快一路飞奔。但到了天庭，已经有十二种动物在它之前赶到了，而且老鼠排在了第一位，猫失去了列入十二生肖的机会。因此它恨死了自私、无信的老鼠，从那以后，猫看见老鼠就抓。

十二生肖的说法源于干支纪年法，传说产生于夏，但没有确凿的证据。可以考证的是，至少在汉代，十二生肖与地支的相配体系已经固定下来了。在汉代以前，我国还没有真正意义上的家猫，无论是《礼记》中所说的山猫，还是《诗经》中"有熊有罴，有猫有虎"的豹猫，都是生活在野外的野生猫。

十二生肖是代表地支的十二种动物，常用来记人的出生年。十二生肖中除了龙以外基本上都是生活中比较常见的动物，可是为什么没有猫这种动物呢？

我们今天饲养的家猫的祖先，据说是印度的沙漠猫。印度猫进入中国的时间，大约是始于汉明帝，那正是中印交往通过佛教而频繁起来的时期。因此，猫来到中国的时间，距离干支纪年法的产生，恐怕已相差千年了，所以来晚了的猫自然没有被纳入十二生肖中。

欧洲

猫在欧洲文化中的地位可谓是"跌宕起伏",经历了从神化到妖魔化再到宠物的过程。

在古罗马,猫是自由的象征,自由女神常被刻画成脚下伴着一只猫。猫之所以用以象征自由,是因为猫是热爱自由的,没有什么动物像猫那样强烈地反对管制。

希伯来传说很久很久以前,由于人类日益堕落,上帝决定发洪水毁灭人类,但人类中一位名叫诺亚的男子及其家人是清白的好人。上帝顾念诺亚等善行,便预告他洪水即将来临,令他及早造方舟避祸。诺亚依命造了一只大方舟,方舟除了诺亚一家人,尚乘载地球上各种动物,每种动物公母各一只,好待日后洪水消退,重行繁殖。当时被诺亚引上方舟的动物包括狮子。但狮子乃猛兽,它的存在大大威胁到其他同舟的动物,诺亚祈求上帝指点迷津,上帝便让狮子暂时陷入沉睡。狮子的问题才解决,其他的问题又接踵而来,方舟上鼠辈泛滥横行使诺亚烦不胜烦,又一次祈求上帝帮助,这次,上帝要诺亚敲击狮子的鼻子。诺亚如法炮制,一敲之下,狮子打了个喷嚏,世上第一对猫就从狮子的鼻孔跑了出来,替诺亚解决了鼠患。

到了中世纪,教会说猫和猫头鹰有极其相似的外表,认为猫在夜间令人毛骨悚然的叫声和闪烁凶光的眼睛,是魔鬼撒旦的化身,造祸女妖的帮凶,是与魔鬼结盟的异教畜生。人们在教会怂恿下,也把猫看成是魔鬼的化身,会随时给人带灾难,使猫从征服了鼠疫而奉为神猫的崇高地位直转而下,剧变为邪恶的代表、不祥的动物,受到人们的鄙视甚至丧心病狂的杀戮。在教会的淫威和鼓励下,人们像对待势不两立的仇敌一般对待猫,使中世纪的猫的数量大为减少,几乎处于濒临灭绝的边缘。然而猫遭灾,致使鼠害泛滥,终于在 14 世纪又爆发了一场可怕的鼠疫,使欧洲大约 2500 多万人丧生。

> ## 猫的神话传说

基督教传说恶魔尝试造人,可是却失败了,而失败的作品便是猫。这只世间第一猫原来是只无毛猫,某天圣彼得巧遇无毛猫,他看到这可怜的小猫在门口打寒战,慈悲地赠给它毛皮。

还有说太阳创造了狮子,诸神感动并称许太阳,月亮心生嫉妒,便创造出猫,想和太阳分庭抗礼。不料此举招来众神"画虎不成反类犬"之讥,神明大笑不已。后来太阳又造出老鼠,月亮有样学样,造出猴子,神明见了滑稽的猴子,笑得更厉害。月亮连番失利,大为光火,便使猴子和猫憎恨狮子与老鼠,这就是猴子和狮子彼此看不对眼,而猫欲除老鼠而后快的原因。在炼金术传说中,狮子与太阳有关,象征雄性生命;猫则和月亮有关,象征雌性生命。而希腊罗马神话中,太阳神阿波罗是鼠神(但不确定他保佑老鼠还是消灭老鼠),而月神雅特密丝(黛安娜)则被称为猫的母亲。

127

图书在版编目（CIP）数据

"喵星人"的秘密花园/于川，张玲，刘小玲编著.
—北京：现代出版社，2012.12
ISBN 978-7-5143-0898-3

Ⅰ. ①喵… Ⅱ. ①于…②张…③刘… Ⅲ. ①猫–青
年读物②猫–少年读物 Ⅳ. ①Q959.838–49

中国版本图书馆CIP数据核字(2012)第274874号

"喵星人"的秘密花园

作　　者	于　川　张　玲　刘小玲
责任编辑	袁　涛
出版发行	现代出版社
地　　址	北京市安定门外安华里504号
邮政编码	100011
电　　话	(010) 64267325
传　　真	(010) 64245264
电子邮箱	xiandai@cnpitc.com.cn
网　　址	www.modernpress.com.cn
印　　刷	汇昌印刷（天津）有限公司
开　　本	710×1000　1/16
印　　张	8
版　　次	2013年1月第1版　2021年3月第3次印刷
书　　号	ISBN 978-7-5143-0898-3
定　　价	29.80元